万物伊始

一段尘封 21 亿年的地球往事

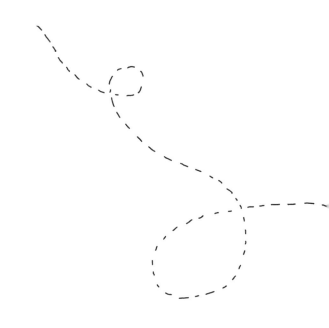

万物伊始

Comment tout a commencé sur la Terre

[法] 阿卜杜勒·拉扎克·阿尔巴尼
[法] 罗伯托·马基亚雷利　著
[法] 阿兰·默尼耶
[哈] 阿德利娜·库尔马哈诺娃　绘
阎盛艳　译

一段尘封 21 亿年的地球往事

辽宁科学技术出版社
·沈阳·

Originally published in France as:
Comment tout a commencé sur la Terre
by Abderrazak El Albani & Roberto Macchiarelli & Alain Meunier
Illustrated by Adelina Kulmakhanova
@ Humensciences/ Humensis, 2020
Current Chinese translation rights arranged through Divas International, Paris
巴黎迪法国际版权代理(www. divas-books. com)

©2023, 辽宁科学技术出版社
著作权合同登记号：第06-2020-225号。

图书在版编目（CIP）数据

万物伊始：一段尘封 21 亿年的地球往事 ／（法）阿卜杜勒·拉扎克·阿尔巴尼，（法）罗伯托·马基亚雷利，（法）阿兰·默尼耶著；（哈）阿德利娜·库尔马哈诺娃绘；阎盛艳译 . —沈阳：辽宁科学技术出版社，2023.1
ISBN 978-7-5591-2443-2

Ⅰ．①万… Ⅱ．①阿… ②罗… ③阿… ④阿… ⑤阎…
Ⅲ．①生命起源－普及读物 Ⅳ．① Q10-49

中国版本图书馆CIP数据核字（2022）第 033097 号

出版发行：辽宁科学技术出版社
　　　　　（地址：沈阳市和平区十一纬路 25 号　邮编：110003）
印　刷　者：辽宁新华印务有限公司
经　销　者：各地新华书店
幅面尺寸：170mm×240mm
印　　张：12
字　　数：230 千字
出版时间：2023 年 1 月第 1 版
印刷时间：2023 年 1 月第 1 次印刷
责任编辑：闻　通
封面设计：周　洁
版式设计：周　洁
责任校对：徐　跃

书　　号：ISBN 978-7-5591-2443-2
定　　价：69.00 元

联系编辑：024-23284740
邮购热线：024-23284502
E-mail: 605807453@qq.com
http://www.lnkj.com.cn

目录

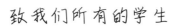

致我们所有的学生

写在之前

关于生命起源和物种多样化，对于任何人来说，并不是无关紧要的。一些人在宗教信仰中找寻答案，另一些人则在已经被证实的真理中寻觅答案。当然，这些仅是给他们提供了一些简化的回答而已。但是，与此同时，还回赠给了他们一些形而上学的难题。还有一些人试图用科学和实验的方法来解答这个问题，这些与神学圣物背道而驰之人正处于一种不利的境遇，因为这两个问题复杂到令人生畏。地球这个由矿物主导的世界，到处充斥着水和碎石块的混合物，在这样的一个环境中，生命究竟是如何产生的呢？彗星和其他原始陨石带来了一些有机物质，从而提供了形成生命所必需的某些基础原料。但是，我们又是如何从这些物质转变成为更复杂、更精密的分子，并能够以细胞的形式存在呢？这个问题已经非常棘手了，但这仅仅是漫长生命历史的开端罢了！因为这些细胞必须学会繁殖，还得建立起它们自己的能量中心，用以维持自身的新陈代谢。除此之外，它们还必须变得多样化，然后开始在种群之中互相结合，进而变得越来越复杂。这的的确确是一个宏大的问题，宏大到使我们认为这种对生命起源的探索没有什么成功的希望！

或许，这是一场还没有开始就已经输掉的疯狂赌博。

但是，事实上，科学有着无穷无尽的力量，而且科学家也充满了智慧。山峰越高，他们对于攀登的渴望就越强烈，同时，他们能够想出来的攀登设备也就越多样化，如冰镐、登山扣、基地、救援装备，甚至直升机。

因此，生命起源的问题，现在已经不仅仅是生物学家的研究内容，也成为天体物理学家、化学家和地质学家共同关注的课题。

作为从业多年的地质学家和地球生物学家，我们期待通过本书来为地球生命起源——这座宏伟的建筑——贡献自己的绵薄之力。地质学关注的是地球从 45.67 亿年前的吸积❶形式如何变成当下面貌的诸多过程。这些过程留下了很多痕迹，各种各样的痕迹，一个经验丰富的地质学家是可以读懂这些痕迹的。但是，如果想要破译这一切，便没有什么是比组建一个团队更好的方法了。团队中的每个成员都有自己的专长，阿卜杜勒·拉扎克·阿尔巴尼是沉积学家，罗伯托·马基亚雷利是古人类学与古生物学家，阿兰·默尼耶是黏土地质学家。那么，到底是什么让这些人走到了一起呢？除了罗伯托的咖啡，还有好奇心和痴迷，以及大家一起学习和探索的乐趣。借助于各自的教育经历以及独特的经验，团队中的每个人都得出了自己的推论，提出了其他人没有发现的问题，这些问题成为我们进行无休止的讨论的根源。有些时候，相较于科学性，这些讨论更多的是嘲讽性质的对话，但无论如何，

---

❶ 吸积是指致密天体通过引力俘获周围物质的过程。吸积过程广泛存在于恒星形成、星周盘、行星形成、双星系统、活动星系统、伽马射线暴等过程中。吸积在天体物理学中是比核聚变等更高效的产能方式。

内容总是精彩纷呈的。地质之神让我们与众不同，我们永远感激不尽。

　　地球历史及其研究的显著特点是持续时间。持续时间的跨度非常之大，可以从秒（如地震）跨越到十亿年（如弗朗斯维尔盆地）。从人类的角度来看，某些时期的持续时间是极其广袤的，但却不能说是无限的。对于人类，一个在这个星球上的个体存活时间很少超过百年的物种来说，十亿年究竟意味着什么？人类，就像是橄榄球场上的一只蚂蚁，迷失在无边无际的宇宙中。然而，同样是对于人类来说，将时间追溯到地球的起始点也并非不可能，这是一项需要观测和分析的工作，也就是地质学家的日常工作。人们常说，岩石就像是一个档案馆，虽然这已经是老生常谈的说法了，但它却是千真万确的。正如历史档案一样，越古老的档案越难破译。这些岩石，在它们漫长的一生中亲历了诸多迥异的环境，通常导致它们的性状发生了多次改变，它们所携带的初代信息，有时候仅仅留下了一些难以察觉的小片段，我们只能借助非常有效的分析工具，才能将它们找出。

　　地质学家因此成了地球化学家。

只是这一本书，并不能解答生命起源的问题，本书只是在有限的范围内，态度谦逊地致力于解决一个非常明确的问题，这个问题关系到生命进化道路上的第一步，而我们只是为未来的研究工作奠定了一个基础：多细胞生物是什么时候出现的？团队中的三个成员都发现了一个妙不可言的线索，而正是在加蓬的弗朗斯维尔盆地中，在那些非常古老的沉积层里面，我们才发现了这条非同凡响的线索。在这些有着 21 亿年历史的岩石当中，存在着一些可以回答这个问题的元素。本书讲述了这一发现的故事，以及那些需要足够耐心、坚持不懈并有条不紊地进行的工作，正是这些工作让回答这个问题变得可能。甚至，我们怎样才能说服自己去相信我们业已发现的那些事实，可这是多么令人惊讶的发现啊！接下来，我们又要克服多么大的困难才能说服别人相信这个发现啊！这不是天才预见未来的故事，不是智慧在大脑中灵光乍现的故事，也不是苹果从树上掉落下来的故事，更不是浴缸中阿基米德的故事，它只是一个关于日常工作和学习过程中已知的故事。但这就是研究工作的运转方式，至少我们正在进行的研究是这样运转的。同时，它也是一个各行各业共同协作的故事。这个问题所涉及的范围远远超出了我们的能力极限。这就是我们必须向不同学科的知名专家寻求帮助的原因。在合作中，我们结下了珍贵的友谊，这也是追寻生命的起源这次大冒险的最大裨益之一。

01
在加蓬的一次考察研究改变了一切

普瓦捷大学于 1431 年由教皇尤金四世颁布谕旨创立。如今，这座大学宛若一位优雅的老妇人一般，静静地矗立着。历史上，普瓦捷大学培养的第一批神学博士曾对圣女贞德听到神谕一事进行了裁定。该事件从一个特别的角度，充分地说明了普瓦捷大学的历史重要性。如今，普瓦捷大学拥有海德拉萨实验室（研究水文地质学、黏土以及地质蚀变），是该大学中研究材料和环境化学的学院团队之一，其主要的研究领域为黏土。对于这一课题研究内容，读者或许不能立刻理解。那么，详细地说，黏土到底是什么呢？黏土自己解释道："什么也不是，只是一堆泥罢了。"事实上，在黏土的众多名称当中，这也只是毫不起眼的一个而已。这个平淡无奇的名称，实际上掩盖了它所蕴含的各种各样的矿物质，这些矿物质同时存在于地球、火星及其他行星之上。在工业方面，它们可谓举足轻重。在沉积盆地的中心地带，人们就可以找到黏土，以此作为探测油气矿藏的基准点。另外，在地质热液系统中，黏土还可以作为矿床勘测的指引。

矿物质的学术重要性真是不容小觑啊！人们在地球最深的地层中也发现了黏土，最近，人们还发现在地幔内层中非常深的区域也可以形成黏土，其形成的温度和压强条件简直令人难以置信：1 500℃，3GPa❶，或者说是约 30 000 倍标准大气压！

黏土是由非常微小的矿物质组成的，厚度甚至不超过几微米，呈扁平状的薄层纹，层层叠叠，并且含有页硅酸盐，因此，这些矿物质在内部和外部都会形成面积较大的层面，其中有些甚至达到了 700m²/g，这一特性在工业应用和艺术应用方面都激发了人们极大的兴趣。在海德拉萨实验室团队中，研究人员和博士生们仔细地研究着这些矿物质结晶

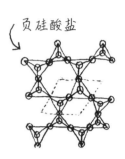

页硅酸盐

的化学性质，它们是如此之特殊；而另外一些人则致力于研究产生这些矿物质的自然环境：土壤、活化岩石、或老或新的沉积物，甚至从火山口喷涌出来的熔岩。所有人都尝试着想要发表他们的研究成果，而且所有人都清楚，研究成果一旦发表，将会使很多人的幸福以及幻想破灭。这就是那些研究人员的日常工作，而且从这一点来说，那些地质学家也没有碰到一丝一毫的意外情况……直到出现了那次意外的事件。

---

❶ GPa 是压强单位，$1GPa=1×10^9Pa$。

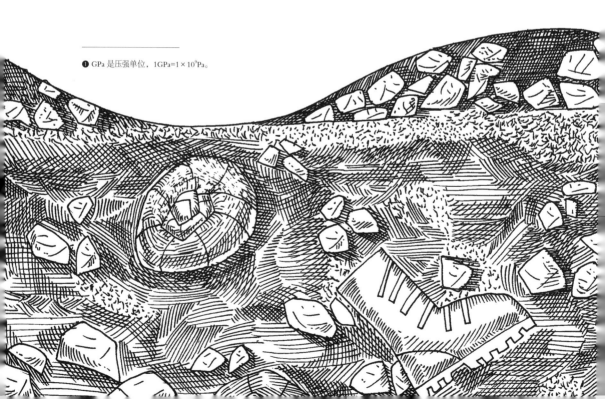

偶然事件的简要时序

一切都要从一通电话说起。那是在 2007 年的 10 月份，来自法国驻利伯维尔大使馆的一通电话。电话的主要内容是：地质与矿业研究总局借助于某个欧洲项目绘制了加蓬的精确地质图，利用这幅地图，针对加蓬境内我们已经发现的远古环境，他们提议进行一些科学研究。这个想法意义非凡。针对这项绝佳的创意，我们已经完成了对它的构想。但是，为什么会选择普瓦捷大学来具体实施这项研究计划呢？

原因很简单：

在法国本土所有的大学中，普瓦捷大学有一项历史传统，那就是招收加蓬的学生。

仅仅如此而已。

这便是普瓦捷大学海德拉萨实验室入选的主要原因。尽管我们并没有相关的研究领域，也没有发表过相关的论文，甚至，我们也没有什么出众的才能。事实上，对于这块有着超过 20 亿年历史的古老土地，我们没有任何经验。但是不管怎么说，这项科研活动所提供的条件还是非常富有吸引力的：报销各个航段的机票以及对加蓬的年轻大学生提供论文资助。于是，海德拉萨实验室承接了这个项目。然而，仅仅在短短的 3 个月之后，一切就被打乱了。本来只需要筛出最理想的人选，然后进行一番考察研究就够了，出发的时间原定于 2008 年 1 月 7 日。那次旅行，最初预计为

7天时间，甚至一天都不打算再增加了，考察研究将主要针对弗朗斯维尔盆地进行。对于我们来说，这是一块未知的土地。但是，它的确有其优势所在，因为这里有很多矿产露头，这样研究就可以很容易地立即开展起来了。换一种方式来解释就是，由于地质运动，古老的岩石上升到了地表，这样，比起同类的那些仍然深深地埋藏在地下的石头，它们就更容易观察一些。显而易见，我们再也遇不到比这个更简单的事情了。

到国外进行考察研究，总是需要做大量的准备工作。首先，我们要去拜访法国大使馆，然后还有团队的交通问题和物资运输的后勤保障问题，以及组织安排方面可能会出现的一些意外情况，这些事情总会让人感到焦虑不安。从利伯维尔到弗朗斯维尔盆地，需要乘坐整整一天的汽车或者两天的火车。旅程最好是在旱季进行，6月就是一个很合适的时机，那时候，普瓦捷大学的大部分课程都已经结束了。在赤道国家的自然环境中进行工作，有很多无法避免的风险：那些具有侵略性的植物，那些被红色土壤大幅度改变的自然地质层……通常，研究人员生活的一部分就是走出实验室，去面对未知的事物，幸运的是，还是可以依靠运气的嘛。

弗朗斯维尔盆地是一种坍塌的沟渠结构，后来，旁边的土地也逐渐被侵蚀，慢慢地填满了这条沟渠。从地质柱的形态之中，我们便可以窥见这个漫长的过程。那些地质柱都矗立于地质基底之上，地质基底也已经有大约30亿年了，这一形态展示出了地质上沉积物

连续沉积的形成发展过程。同时，弗朗斯维尔盆地也是地质
上太古宙时期的见证者。太古宙时期是地球地质年代中很
古老的一个时期，时间跨度也非常之大（从距今 40 亿年至
距今 25 亿年）。弗朗西斯·韦伯耐心细致地进行了层层
分解，同时分析了上面的沉积物，并将研究结果写入他
于 1960—1970 年之间完成的博士论文中，该论文于
1968 年通过了论文答辩。如果人们了解一下弗朗西

斯·韦伯的探索和研究工作就会发现，我们简直无法想象在赤道地
区进行工作给他所带来的困难和挑战。随后，
他又在斯特拉斯堡大学，与地质化学方
面的同事弗朗索瓦·高堤耶-拉费一道，
继续研究这一课题，而后者同时也在国
家科学研究中心工作。这一课题的研究
对奥克洛天然核裂变
反应的贡献具

有决定性价值。现在（2019 年），弗朗西斯已经
是个 88 岁的精力充沛的"年轻"小伙子，他对于
其向国际科学界所展示的前寒武纪世界一直饱含热
情。在他年轻的时候，对此领域的后续研究，弗朗索
瓦曾给予过巨大的帮助。

　　最开始，我们考察的第一个地方已经在很大程度上被破坏了。那种赤道地区典
型的红土腐蚀了土地表面所有的岩石，也几乎抹去了它们所有的内在结构。只有一
小块儿地方还保留了一片完美的剖面，因为当地的房建与公共工程联合会下属的索
高巴公司一直在那里进行开发，他们的挖掘工作不断地翻新着土地。应该以最快速
度教会学生怎样正确地收集沉积物，怎样观察他们挖掘出来的那些美妙无比的沉淀

物，怎样提取出第一批样本。我们只有 3 小时，必须要盯着表一分一秒地计算，要充分利用短短的 7 天时间，除了这里，还有其他的土地等待着我们呢……

这块土地为我们提供了一个不断地随着时间变化而更新变化的地质蚀变剖面，而且非常完美，没有一丝一毫的损坏，这非常适合我们研究砂岩、黑色页岩以及含有有机物的黏土。砂岩和黑色页岩属于弗朗斯维尔盆地中地质柱的 FB 层。地质柱共有五层，第一层 (FA) 直接矗立在太古宙时期的土壤上面，从第一层 (FA) 到第五层 (FE)，这一层序的沉淀物厚达 2 000m。实际上，我们只是研究砂岩和黑色页岩，而这些都被视为没有用处的废料。但是，这些黑色页岩之中，却总会出现各种珍宝，至少，在科学方面如此。

我们团队到达索高巴公司开发的那块土地之后，每个人都准确无误地明白了自己的任务，并且立即开始了工作，充分利用每一分钟，因为我们知道时间是很宝贵的。我们在当地招募了一些工人，他们帮助我们剪除了植被，清理了裸露在空气中的土层表面，方便我们进行更为细致的观察并保证可以提取最纯净的样本。但是，仍然还有约 15m 厚的岩石层和大量的砂岩需要一厘米一厘米地挖掘。此外，还有一些新鲜的黑色页岩，里面显露着种种痕迹，需要我们去鉴定。再加上黄铁矿结核，

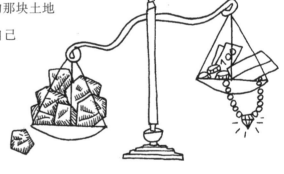

FE

FD

FC

FB2

FB1

FA

即硫化铁的大量结晶，也需要我们进一步鉴定。事实上，黄铁矿结核在这种条件下聚集，也没什么值得大惊小怪的，但是当中却有一些晶体，它们的存在状态非常奇怪。我们一个一个地收集这些晶体，一直收集了几十个甚至上百个之多。晶体里面可能会存在什么呢？如果我们正在勘查的这片土地只是形成于 1 亿多年前，那么，我们可以毫不犹豫地断定：这是化石。但是，这片土地形成于 21 亿年前，那这一切应该是绝对不可能的啊！所有我们学到的知识，所有我们在杂志上读到的东西，所有我们这些老师正在教授的东西，都在阻碍着我们对此进行思考。在我们这个星球的历史上，回溯到那个时代，出现这样个头的生物，不可能的！我们目前正在挖掘的这些岩石，它们来自只存在着最原始微生物的那个时代。我们如何才能发现这些……这些什么呢？确切地应该怎么说呢？对此，团队中的每个人都困惑不已，我们对这些难以想象的东西产生了奇怪的印象。最后，我们决定继续挖掘那些地质层面，然后继续提取样本。博士论文完全依赖于这蚂蚁般的工作，同时也建立在对岩石及其所含矿物分析的基础之上。我们最初的预测是：这件事也就止步于此了。

当一个见习研究员开始创作论文时，他需要在博士奖学金的 3 年期限之内，在各路专家组成的评审团面前，成功地通过论文答辩。这并不只是在核心刊物上发表一篇或者几篇文章就能够决定的，这其中有着严格规定，要求我们坚韧不拔甚至狂热地工作，以保证在最后期限内完成。在团队中，

有一位或者多位研究人员，他们都是出于自己强烈的兴趣爱好才投身于这项工作的。3 年时间还是很短暂的，这就需要工作目的异常明确，并且整体上一系列的分析过程都要在事先进行构思。这一点，对于每个学生论文写作的进展都非常重要，因为论文聚焦于黏土矿物质的变化，同时对于在弗朗斯维尔盆地这一系列的沉积物中挑选出来的最具代表性的样本做出了详尽的报告。我们已经知道，尽管年代非常久远，但是这些沉积物显然关系重大。实际上，能够发现 21 亿年前的黑色页岩，而且几乎没有地质上的变质，这简直就是近乎奇迹了（地理学家谈到岩石在地质上的变质，是为了研究在大陆板块相互碰撞的时候，泥浆或者沙子向坚硬的岩石或者分层岩石转变的过程）。

属于那个时代的其他大部分矿层都露出了踪迹，是由于温度大幅上升以及由巨大压力造成的，但并不包括伴随山脉缓慢抬升所产生的不可避免的变形，这样一来，那些岩石便完全无法继续保持同一的外观，解读那些岩石以及追踪地层序列的演化过程就变得几乎不可能了。但是，在这里，在弗朗斯维尔盆地，岩石奇迹般地保存下了这些印迹，而且几乎完好无损。于是，一位年轻的博士就有了非同凡响的研究材料，但是我们还无法估量其非同凡响到了何种程度，我们也不知道以后还将会有多少博士的论文将从此处发掘出一些令人激动不已的题目。

回到普瓦捷大学之后，第一批分析实验已经付诸实践，那些要写博士论文的同学，他们的工作也已经步入正轨，但他们又给自己强加了另外一个课题。这个非常奇怪并且含有黄铁铜的物质成了一个谜题，我们无从下手，始终无法给它定性。

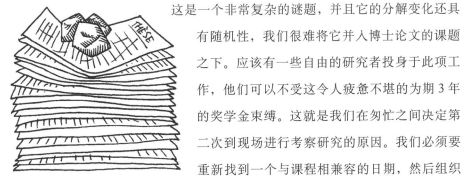

这是一个非常复杂的谜题，并且它的分解变化还具有随机性，我们很难将它并入博士论文的课题之下。应该有一些自由的研究者投身于此项工作，他们可以不受这令人疲惫不堪的为期 3 年的奖学金束缚。这就是我们在匆忙之间决定第二次到现场进行考察研究的原因。我们必须要重新找到一个与课程相兼容的日期，然后组织一次为期 6 天的行程，该项研究预算中还有部分结余的经费，只要充分利用每一分钱，就可以承担此次考察研究所需的费用。时间最终定在 3 月 7 日，仅仅是上次实地勘探回来后 3 个月。这一次，研究工作仅局限于在索高巴公司开发的那个小地方进行，那里的主人非常热情地接待了我们。

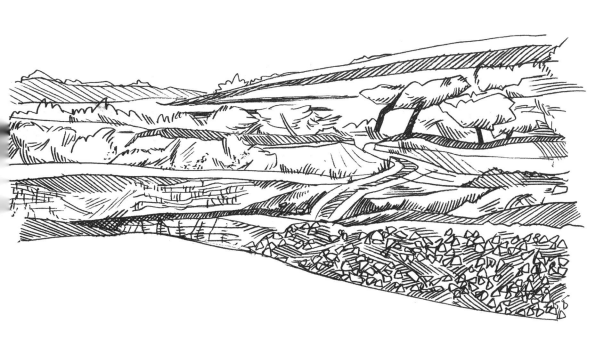

这一次的工作内容与上一次大不相同，主要包括仔细的挖掘工作、典型样本的采集工作以及那些令人称奇的地质结核的收集工作。工作的最后一天，当夜幕降临之时，团队中的所有人都已疲惫不堪。阿卜杜勒是最后一个离开的，和往常一样，他抱怨着时间的短暂，仍然还有太多的事情等着要做。在回去的路上，他机械地收集着各种石头。但是，他并不知道此时他手中的那块地质结核，将成为最耀眼的那颗星，将作为《自然》杂志的封面，并将铺天盖地地张贴在巴黎地铁的走廊上。实际上，科学就是这样发展起来的！

在这种精神状态下，人们时常会心烦意乱，最终，我们团队完成了前两个工作内容，然后返回了普瓦捷大学。我们精心地看护着那些装有样品的箱子，不让它们有太大的损坏。接下来，我们打开包装，将其分类，仔细筛选出应该进行第一批化验分析的样本……紧接着，我们发现了这些奇怪的地质结核。它们究竟会涉及什么东西呢？

我们决定先把这些奇怪的地质结核搞清楚。幸运的是，实验室刚刚配备了 X 射线显微断层成像扫描仪。这个名称可能并不太规范，但它确实是一种体积庞大而且价格昂贵的机器设备，用于

拍摄各种 X 光片，类似于医生使用的机器，只不过这个庞然大物辐射的能量要多得多。事实上，它的光线可以穿透几厘米厚的岩石。因此，最好不要把手放到设备中去。正因为有了这种工具，我们才能获得一系列剖面图，对那些采样岩石进行的内部勘探工作取决于这些剖面图的清晰程度。

那些照片都堆积在计算机里，就在我们的眼皮底下，处理图像的程序将剖面图复原成了一些令人惊叹的 3D 图像。它不同于我们过去经常在黑色页岩中发现的其他任何硫化物结核。那么，我们可以假设一些不可思议的事情吗？一个从没有人敢提出的问题呼之欲出：它们真的是化石吗？如果是，这些化石和那些人们所了解的化石却没有一点相像之处。这样一来，我们究竟应该怎么办？要想找到答案，我们就必须全身心地投入到这项漫长而耗费巨大的科学探索之中。各种各样的困难都是可预料的，因为我们已经跳出了常规路线。但在强烈的好奇心驱使下，我们绝不可能将这些观察报告束之高阁，而不去努力地揭示真相……我们需要一些补充的分析研究，相对于之前在实验室中进行的那些研究，这次的要复杂得多。这可真不容易啊！我们最初对外寻求咨询帮助，结果令人沮丧。我们拜访了剑桥大学的一位专家，他是举世公认的研究前寒武纪化石的专家，但这次拜访却给我们泼了一盆冷水，甚至是一盆冰水。

来吧，普瓦捷大学的先生们，
请读一读我的书，请别再做梦了！

但是，我们并没有灰心丧气，在此之后，我们又与瑞典斯德哥尔摩自然历史博物馆一位举世闻名的研究人员进行了交流，听说他会比同行们少一些教条主义和独断专行，理论上来说，他是最容易接受，也最不会拒绝那些拥有 21 亿年历史的、外表看起来非常古老的化石再现于世的。特别值得一提的是，之所以举世闻名，是因为他在印度发现了震惊世界的前寒武纪化石。可以说，他的经验独一无二。

哎呀！哎呀！哎呀呀！

他也没有回复。于是，我们又咨询了巴黎博物馆的一位权威人士，菲利普·让维耶，我们向他讲述了之前那些令人失望的经历。正是从那时起，一切都改变了。菲利普抓起电话，打给了斯德哥尔摩博物馆的斯蒂芬·本特森。他用瑞典语讲述了这件事，那迷人的语音让我们如痴如醉。这一次，我们约定：斯蒂芬在完成瑞士原子同步加速器的一个任务以后，将亲自到普瓦捷大学研究这些奇珍异品。他的判断将会决定这项探索是最终放弃还是继续。

适应意料之外的事件

整整 3 天时间，我们看着斯蒂芬进行着研究，神情错愕。3 天里，我们一直在捕捉可能揭示这个人精神状态的线索，哪怕是其中最微不足道的一个，尽管他比较内敛，情感很少外露。他的最终评判充满了科学家的谨慎，更确切地说是北欧科学家的谨慎。他认为有机生物体残骸的可能性比较高。当然了，主要障碍之一来自这些奇特的痕迹和大家已知的事实并无任何相像之处。他并没有隐瞒那些等待着我们的困难，即公布这一发现后将会带给我们的困扰，他同时建议我们利用分析黑色页岩的地球化学方法来补充完善这项研究，使其更加可靠。我们决定要制定一项分析计划，来核实这些遗骸的生物演化。换句话说，就是追寻其生物学的起源，并提供有关其生活环境的可靠征象。

从那时起，
我们便开始着手进行
像夏洛克 · 福尔摩斯
一般细致入微的调查。

在黄铁矿内部所含硫元素的同位素组成之中，很可能存在决定性线索。为了找到答案，我们需要一个离子探针微量分析仪，这是一种非常非常昂贵的设备，但唯有它才能测量出极小体积的硫 $-34(^{34}S)$ 和硫 $-32(^{32}S)$ 的含量。全球范围内只有很少的研究单位会有这个设备，在法国南锡的岩类学和地球化学研究中心恰好有一台。这是一个国家给予的机会，也就是说，只要能够提供有趣的计划，并且能被选中，地质学者就可以使用它。

我们当下的情况正是如此。

这个问题足以勾起人们的好奇心，以至于让国家接受我们的计划，同意让这台令人垂涎的机器贡献出一些宝贵的时间。也正是那一次拜访，点亮了我们的科学生涯。马克·肖西东和克莱尔·罗伊尔－巴德非常热情地接受了这个项目，这让我们非常开心。我们切下一些样本，小心翼翼地打磨，以便在最佳条件下进行分析研究。所有的赌注都压在了硫－34(^{34}S)和硫－32(^{32}S)的比值上面：如果负值很大，则表示硫－34缺乏。硫－34是生物起源的特征，因为生物能够做到岩石无法做到的事情，即生物知道如何分类挑选同位素。

结论很快就出来了。硫－34(^{34}S)和硫－32(^{32}S)比率负值很大。我的天啊！这些难道真的是化石吗？

这将会使我们的研究朝着完全出乎意料的方向发展。但是，在团队 ❶ 所有人的眼中，我们还远没有足够的说服力，或者说我们自己都还没有完全信服。显然，我们有必要对其他样本重复进行这种分析，并且进行对比研究，找出它们与那些真正的非生物凝结物（即其形成过程完全与生物没有关联）的分析结果之间的差别。另一方面，对那些黑色页岩进行尽可能详细的描述，这同样非常需要。

还需要这样，需要那样，需要……

……但是，从哪里开始呢？……

之后，斯蒂芬又给予了我们很大的帮助。因为他熟知验证前寒武纪化石的困难，所以便将我们引荐给了这个小圈子中的一些专家，他

---

❶ 指本书作者。

通常和这些专家在瑞典和丹麦一起工作。就这样，我们与地球上最伟大的氧化作用专家唐纳德·坎菲尔德取得了联系。他的著作《氧气，四十亿年的历史》可谓是一座里程碑。看到这位专家加入，我们简直受宠若惊。他的鉴定结果决定了第二篇论文撰写工作的顺利进行，那篇论文是由另外一位加蓬学生撰写的。这些黑色页岩中可能包含有机物，当它们沉积的时候，弗朗斯维尔盆地的海水（至少在表层）中，氧气的含量就已经非常充足了。因此，它们可能会发展出之前在微生物界未曾有过的复杂性。结果清晰明了，我们知道了"罪魁祸首"：

经过杂志社编辑反复修改之后，在 2010 年 7 月 1 日，《自然》杂志刊发了我们发现 21 亿年前多细胞生物体始末的文章。[1] 同时，我们给那种奇怪的化石配了

---

❶ 题目为：*Large colonial organisms with coordinated growth in oxygenated environments 2.1 Gyr ago.*

插图，杂志社认为这个非常有趣，于是用它作为当期杂志封面。那幅插图是带有类似叶形装饰的冠冕形状，围绕着一个富有褶皱的中心，正是这一形状登上了《自然》杂志封面，并且成了一种象征，代表着那令人难以置信的原始生物创新。此外，这一图形还被制成了长4m、宽3m大小的海报，张贴在巴黎地铁的各个走廊之中。从此以后，它成了一位大明星。之后，其他一些著名的报刊也接受了一部分关于研究黑色页岩中的地球化学或者关于那个时代的生物多样性的文章，但只是举了几个相关主题的例子而已。关于该主题的其他论文也同样得到了支持，并最终正式发表。但是，一切都已经阐述完毕了吗？

显而易见，根本没有。

弗朗斯维尔盆地的岩石尚未吐露出它所有的秘密，还有很多问题有待解决，包括化石本身以及与之相关的东西。研究项目尚在，如果可以这样说的话，我们需要做的就是找到一些支持来将这个项目研究进行到底……也就是说，需要资金支持！

找到资金！这是所有研究人员的痛苦，尽管他们从事着最令人着迷也最令人绝望的研究工作。我们能隐约地预测出接下来要做的事情，并且计算好了将要付出的代价，这样的规划总会让人目眩神迷。但是，我们并没有抱怨，没有一丝一毫的抱怨，因为这一次冒险一开始就得到了加蓬政府、法国驻利伯维尔大使馆、法国国家科学研究中心（CNRS）、普瓦捷大学、普瓦图－夏朗德地区和欧洲区域发展基金等多方面的支持。他们每年可以资助几篇博士论文，还可以资助我们对实地进行年度考察（正是如此，在第一次考察任务结束以后，阿卜杜勒又回到那里11 次，一年一次！），而且在超过 6 年的时间里协助我们进行了各种必要的分析。但当我们提交给国家研究局的第一批申请被拒绝后，担忧的种子开始萌芽了。这些档案材料非常复杂，尽管我们在汇编的时候非常谨慎认真，仍然无法说服那些裁决这些档案的评委。这样的情况，我们并非个例。当然，抱怨没有任何用处，我们要像其他人一样，明年继续。五次！连续五次！我们都被泼了冷水。显然，没有人对这一项目感兴趣。竞争如此激烈，那些提案，一个赛过一个地引人入胜，所以团队中没有人觉得不公正，我们确信只是评委的选择困难而已。

项目申请失败对任何人来说都是痛苦的，失望在所难免。但是我们必须接受现实，并努力地再去想办法，因为在加蓬的国外项目与日俱增，我们自身剩余的资金储备逐渐减少。与此同时，日本、英国和美国同行似乎并没有面临我们目前的窘境。就在我们的阶段性研究成果发布之后，他们又进行了雄心勃勃的研究考察。我们非常焦虑，但并没有气馁。我们不知道未来会怎样，但相信奇迹终会发生。同时，如果我们还寄希望于找到必需的资金，继续进行这场独一无二的冒险研究，我们就必须继续展示那些已经取得的研究成果，同时撰写文章并且展出那些化石。

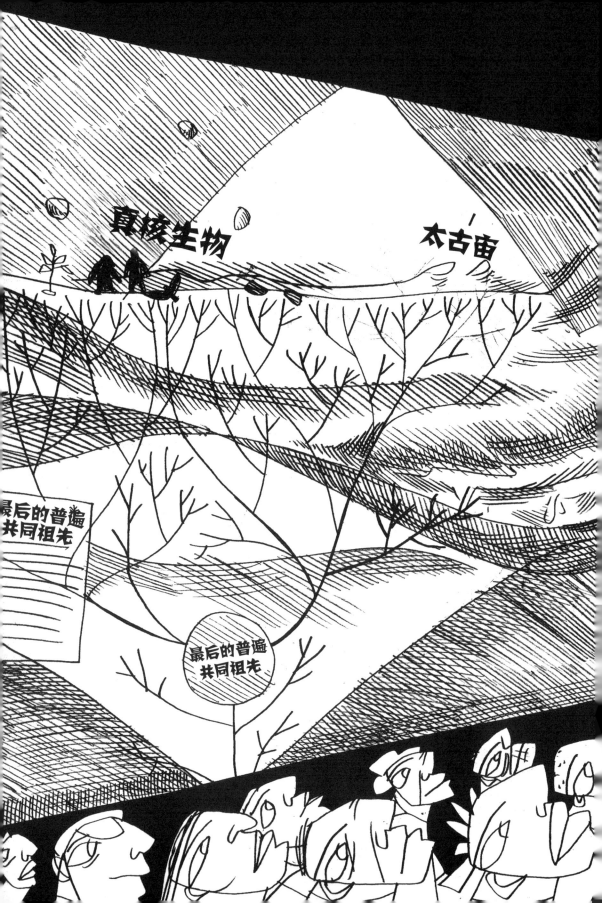

巨型海报《令人震惊的生物体》
2018年张贴在巴黎地铁的蒙巴纳斯站

多细胞
生物

可以追溯到
超过
1亿年前!

02
太古宙时期的地球：
探索一颗未知的行星

地质学是一门和时间相关的学科。在对岩石或土壤进行观察或者分析时，地质学家的首要任务是确定什么是最古老的，什么是最新的。理想情况下，地质学家能够在各种各样的技术设备中选择合适的一种或几种来推断出每一个地层的年代。正如人们所说，没有什么是比这更基础的工作了，除非地质学家操控着数百万年，甚至数十亿年。对很少能存活100年以上的人类来说，这样的数字究竟意味着什么？我们如何能够想象得到在如此非凡的时期内所发生的全部事件，而且这些事件最终形成了我们现在所凝视的岩石？这种习惯，这个职业，最终蒙蔽了地质学家的眼睛，他们泰然自若地同这些有着数十亿年历史的石头打着交道，不仅确定了极为惊人的遥远的年代，而且还确定了极为广阔的时期。

因此，一切都在向着最好的方向发展。但是，实际上，也并不是那么简单。目前，我们尚不清楚可以从岩石中真正检测出什么。岩石的演化过程非常漫长，这就不可避免地使岩石中所有的构成成分并不是在同一时期形成的，如弗朗斯维尔盆地，这只是我们感兴趣的地区中的一个例子。这一区域具有独一无二的特性，在19世纪70年代一经发现，奥克洛和班哥贝的天然核反应堆便吸引了全世界的目光。得益于整个系列的放射性元素，地质学家能够通过各种方法测定这些天然核反应堆的年龄，最终的结果是19.5亿年。

非常好！但是，这个相对精确的时期，严格来说，究竟对应着什么呢？这些反应堆已经不连续地运行了数十万年。更麻烦的是，在到达触发燃烧的临界质量之前，铀还需要在这些特殊的矿床中积聚多长时间？我们很清楚，日期和持续的时长已经让我们所掌握的时间概念变得模糊不清，也让我们这些渺小的生物忘记了自己的短视。那么，难道这也是一场输掉了的战役吗？

当然不是！

一些事情显得似乎是不可能的，在它们面前，我们不应该灰心气馁。相反，我们应该提出正确的解决方法，并且迫使自己从多个来源获取信息，然后交叉汇总。首先，必须证实这一时间的标志符合地质现实。反应堆位于 FB 地层的黑色页岩当中，那么，黑色页岩必须比反应堆先行存在。对于构成这些黑色页岩的某些矿物质，我们可以推断出形成时间。只是，在刚开始放手去做这些事情的时候，在还远远没有获得一个令人心安的确切结果之前，我们便碰到了一个棘手的问题！我们使用了两种方法对这种黑色页岩进行了不同的放射性测量，寄希望于结果会显示出它们更古老的年龄，但这两次测量结果都趋近于同一时间，即距今 18.43 亿年。也就是说，竟然还年轻了大约 1 亿年，我们起初曾预测它们会更加古老的。

哎呀！

那么，之前的努力都会付之东流吗？不会，再说一次，只是地质方面的事实真相远远比我们想象的要复杂得多，仅此而已。

大家应该知道，我们所获得的时间是已经确定年代的矿结晶年龄，结晶的产生或者发生在地质沉积物逐渐埋藏期间，或者是在随后发生的事件中。但是，当然了，并不是发生在其沉积过程中。在这种情况下，测得的时间会显示出后来发生的变暖事件的作用，用专家的行话来说，就是重新开放了这些矿物的化学体系。

简单地介绍一下这种机理，假设有某个特殊事件不得不开启这些著名的伊利石的重结晶，但同时又让它们重新焕发了青春。如何确定这一点呢？这次，没有火山熔岩脉（地质岩墙、岩脉），没有沉积层（岩床）之间的水平渗液，也没有更多的大块岩石（深成岩体）切穿盆地中积累的沉积地层，而是火山岩层插入 FB 层的黑色页岩中，推定日期为距今 22.86 亿年至距今 20 亿年之间。这就是它们沉积的年龄。我们长出了一口气，这回一切都合乎逻辑了：主岩石的形成确实早于它们所容纳的天然反应堆。正是这样，通过不停地验证，连贯的历史正在被逐步勾勒出来，我们又向后推进了 20 亿年的历史。尽管想象这种永恒非常困难，但是，我们很容易便会明白地球一定和我们所知道的那个地球有所不同。如果我们不追溯到地球形成的开端，就不可能对它有一个严肃认真的认识。

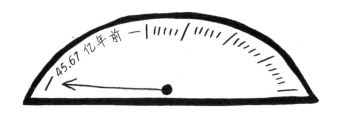

古代地球：一个奇怪的星球

黑洞吸积时期。地球形成于 45.67 亿年前，当弗朗斯维尔盆地充满了沉淀物的时候，地球仅仅存在了两年半而已。那时候，我们的地球正处于黑暗时期的尾声，它正在从融合中的星体状态逐渐演变成一颗越来越类似于今天地球的行星。在冥古宙（距今 45 亿年至距今 40 亿年之间）和太古宙（距今 40 亿年至距今 25 亿年之间）期间究竟发生了什么？这是一个非同凡响的故事，我们现在已经大致知道它的主要脉络了。开始的时候，我们可以看到原生太阳星云此时正处于类地行星（水星、金星、地球和火星）的凝结时期。一切东西，包括气体和尘埃都围绕着一颗正在形成中的年轻恒星呈涡流状旋转，接下来便是金牛 T 星 ❶ 的形成。

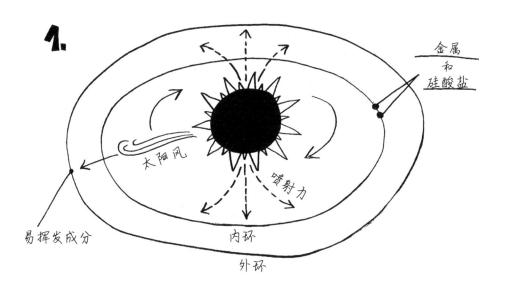

---

❶ 金牛 T 星是变星的一种，被发现邻近于 NGC1555 分子云，通过光学上的观测确认其为一颗有着强烈的色球谱线的变星。

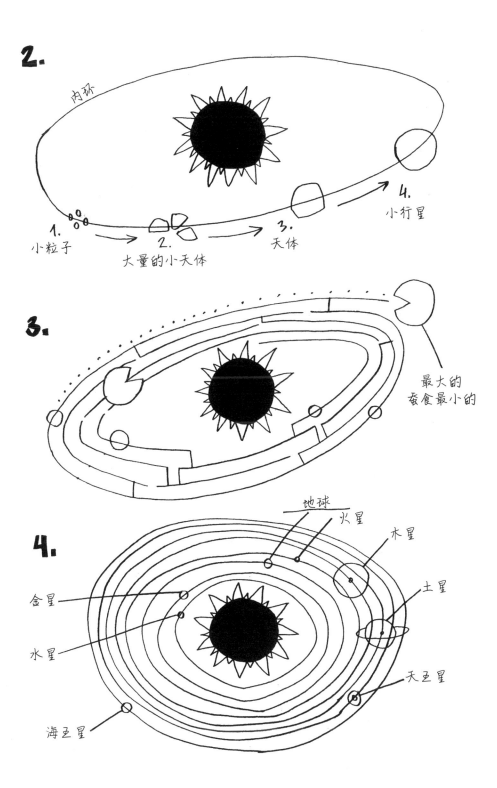

2.

内环

1.
小粒子

2.
大量的小天体

3.
天体

4.
小行星

3.

最大的
蚕食最小的

4.

地球
火星
木星

金星

水星

土星

天王星

海王星

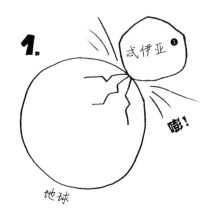

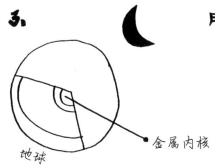

月球诞生了……

有些人认为这个大事件发生的时间非常早（地球诞生的 3 000 万年以后），有些人则认为它发生的时间会更晚一些（地球诞生的 8 000 万年以后），但这件事并非标志着吸积时期的结束。事实上，这颗行星现在已有卫星陪同，但它还是缺少了一些东西。因为太靠近太阳，所以它非常干燥。水应该是在吸积时期结束以后才被带来的（而且现在它也包含了大量的水）。因此，我们姑且假定存在着一层晚一些才形成的清漆般的保护膜表层，它是由非常原始的陨星构成的流星雨甚至是由与结冰的微行星碰撞引起的，那些结冰的微行星是在太阳系更远处一些的星云中形成的。此后，坠落的陨星数量规律性地减少，直到临近太古宙时期才恢复，但是这个数量复原也存在争议，它发生在约 38.5 亿年前至 41 亿年前，可以追溯到"晚期重轰炸"❷时期。

---

❶ 太阳系内曾经还有一颗行星，叫作"忒伊亚"。科学家推测这颗行星与地球发生碰撞才形成现今的月球。目前，美国宇航局发射的两个宇宙探测器计划搜寻忒伊亚的残骸物质，进而揭示月球的神秘起源之谜。
❷ 又名月球灾难，是指约 38.5 亿年前至 41 亿年前在月球上形成大量撞击坑的事件，对地球、水星、金星以及火星均造成了影响。

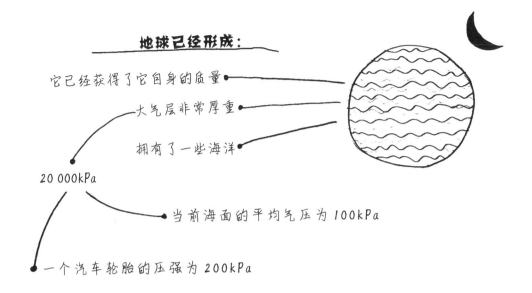

地球已经形成：

它已经获得了它自身的质量

大气层非常厚重

拥有了一些海洋

20 000kPa

当前海面的平均气压为 100kPa

一个汽车轮胎的压强为 200kPa

太阳（在度过了金牛 T 星时期那疯狂奔放的年轻时代之后）开启了它生命中又一崭新的时期：

在这一时期中，核聚变在其中心地带爆发

它的光辐射度是现在的 75%

大气中完全没有氧气，由于有机分子与甲烷、氮气和二氧化碳混合而显得昏昏暗暗。它并不只是被行星强大的重力吸引约束，同时也幸亏那可能存在的磁场，可以为其起到盾牌作用，屏蔽并保护它免受太阳风的侵害。

在那个时期，地球表面本应该冻结了。然而，情况却并非如此。基于黯淡太阳悖论❶，我们推理，浓厚的大气层，其温室效应必须足够强大，才能够让地球上的水不论在何种情况下都能呈现液体状态。

---

❶ 太阳的年龄只比地球大一点儿，恒星是随着年龄增长而逐渐变暖的。数十亿年前，太阳的光度大约是今天的75%，这意味着年轻的地球接收到来自太阳的热量要比现在少很多，这不足以使当时的地球能够维持液态水的存在。但地质证据清晰地表明，年轻的地球上是存在海洋的，这就是所谓的黯淡太阳悖论。

让我们闭上一会儿眼睛，想象一下那个世界：黄色的天空之下，感觉月亮近在眼前。白天只能够持续几个小时，海洋的潮汐规模庞大，陨石夹杂在无数的火山口喷出的滚滚蒸气之中，它们的喷射轨迹还在闪闪地发着光。

但丁在描写地狱的时候都没有想象出比这个景象更糟糕的场景。

然而，正是在这些极端的条件下，生命起源以前的神秘变化开始运作起来。

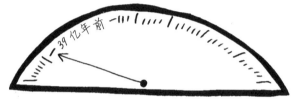

最古老的岩石

让我们继续时光之旅吧。地球到现在已有近46亿年的历史，这段历史可以追溯到赫赫有名的冥古宙（命名源于哈迪斯，冥王哈迪斯是希腊神话中的地狱之神）。阿波罗计划陆续将重约400kg的月球岩石带回了地球。在此之后，人们曾认为最后烟花般的流星雨是那个时代的标志——晚期大型轰炸，即上文提到的晚期重轰炸期。但是现在，我们却对此不太确定了。科学就是这样，甚至科学的本质就是对其产生的东西进行批判性的观察和研究。无论如何，今后我们将在太古宙的范围内进行研究，对于那个时期的地质研究，现在已经变得可能，因为现在还保留着那个时期的岩石，在格陵兰岛的伊苏阿绿岩带，在加拿大魁北克河岸附近的哈得逊湾，尤其是在努夫亚吉图克绿岩带，以及西北地区艾加斯塔片麻岩。它们都起源于岩浆或者沉积，幸运的是，其中的一些岩石几乎没有被地质的变质作用改变。所有的时间都停留在距今 40 亿年至 37 亿年之间。正是这样，我们可以识别出条带状含铁建造（英文简写为 BIF）甚至是古老的泥火山。

那么，我们能够想象一下那个时期地球的面貌吗？
地球上有大陆吗？

这些如此合情合理的问题也不会有简简单单的答案。

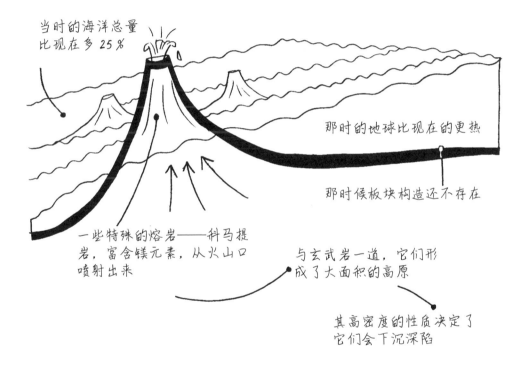

当时的海洋总量比现在多 25%

那时的地球比现在的更热

那时候板块构造还不存在

一些特殊的熔岩——科马提岩，富含镁元素，从火山口喷射出来

与玄武岩一道，它们形成了大面积的高原

其高密度的性质决定了它们会下沉深陷

然而，很长一段时间以来，另外一种岩浆，花岗岩类岩石（石英岩），已经从凝固的地壳深处生成转化出来，与以前的岩石相比，它们重量要轻得多，于是它们便上升到了地表并停留在那里。这种垂直构造（沉陷俯冲）已经塑造了整个区域的地质结构，比如在南非的巴伯顿和澳大利亚的皮尔巴拉，都形成了令人震惊的景观，

那幅景象更接近电影《未来水世界》❶，而不是我们已知的地球。

因此，科马提岩是地球原始时期的典型岩石，但是它们却并不是唯一的。事实上，在海洋底部沉淀了庞大的沉积岩层，但那里却是完全缺氧的（没有氧气），这与氧化铁的形成完全矛盾，即我们上文已经提到的BIF。它们的起源是一道谜题，令人迷惑。BIF的一部分来自由滚滚的黑烟排放而逐渐形成的沉积物（它们是从遍布海床的热液烟囱❷中排出来的）。于是，这些岩石就如此这般地含有了硅酸铁成分，在地质上的成岩作用下，逐渐转变成氧化物。而BIF的其他部分，似乎与不同种类细菌的生物活动有关，这些细菌能够进行光合作用，但却不呼吸氧气（它们是厌氧微生物）。因此，当我们观察这些BIF的时候，生命的最初迹象便开始显露出来了！这是千真万确的吗？在含铁和缺氧的海洋中，生命会迅速繁殖激增吗？是的，这并非一个猜测。生命留下了明显的证据：化石。

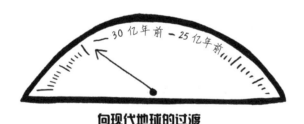

向现代地球的过渡

地球无可避免地冷却了下来，这是我们所习惯的行星发展的主导旋律。地球不再提供给那些物质足够的热量，它们再也不能够以密度为基础进行垂直运动，因此，

---

❶ 1995年的美国科幻电影，主要讲述2500年，地球两极冰川大量消融，地球成了一片汪洋。人们只能在水上生存，建起了水上浮岛，泥土成了稀有之物。某天，来了一个孤独的海行者（由凯文·科斯特纳饰演），他用泥土换了很多东西，准备离开时，一大帮人带着一位少女，请海行者留下"人种"，遭到拒绝以后，发现他是变种人，竟然长着鳃和蹼，于是认为他是怪物，准备两天后处死。这时，浮岛上突然来了海盗，抓捕一个叫罗娜的小女孩，罗娜的养母把海行者从笼子里放出来，求其带她们母女逃命。但是海盗一直对罗娜穷追不舍，因为罗娜背后有个文身，可能是传说中的陆地地图，原来残存的人类在海上已经无法维持生存，迫切需要找到陆地，女孩背上的文身成了救命稻草。海行者只身犯险，大战海盗，救出了罗娜。最后，幸存的人类利用罗娜背后的地图找到了陆地，又开始了幸福生活。
❷ 海底热液活动的一种产物。广泛存在于海洋中脊及其附近构造活动区，形态与烟囱相似。

地幔变得异常黏稠。除了对流产生的水平位移之外，地球便不再消耗其他能量了，这便是板块构造学的开端。然后，无数巨大的海脊纵横交错在整个地球表面，海脊之上，水下火山的活动此起彼伏。所有的海脊都非常活跃，不断地产生大洋地壳。当然了，海脊中有相当一部分消失了，主要是被原始大陆浸没了，由于原始大陆密度过低，注定其会永久地漂浮。此时，地质上的俯冲作用❶开始了！距今 30 亿年，俯冲作用占据了主导地位。然而，它的运行机制仍然是早期的古老方式，与我们今天所了解的并不完全相同。的确，与最开始的时候相比会更冷一些，但是与现在相比，那个时期的地幔还是温暖许多。地幔温度使得大幅度的沉降根本不可能发生。事实上，海床的沉积物和玄武岩原本是紧密地包裹在岩石圈（地幔的固体部分）表面的，而此时却从其表面剥离了。它们融化得非常快，在时间上远远早于那些高密度岩石产生的时期，比如榴辉岩和蓝色页岩。它们呈现的是典型的高压低温变质相❷，这便将古老的俯冲作用同现代俯冲作用区分开来。

但是，我们是怎么知道的呢？

这一信息来源于金刚石中所包含的物质，我们可以采用不同的方法来确定日期。因此，在那个原始时代，地质俯冲板块产生了大量的岩浆，这些岩浆以无数火山岛弧❸的形式从海底上升并露出水面。这样一来，通过这个方式，它们就与以往有所不同了。也就是说，它们变得富含二氧化硅、钠和钾这些元素。顺便说一句，它们甚至会携带铀元素和钍元素，还有大量的稀土。火山的不断喷发增加了大气中硫元素的含量，使得雨水酸化。然后，海水中便含有了硫酸盐，这些硫酸盐为硫酸盐还原菌群体提供了食物。硫酸盐还原菌是厌氧微生物，但是，它们进行的化学反应却会释放出一种废物——氧气，如果释放出的氧气积累起来，就不可避免地会杀死自身。

---

❶ 一个地壳板块沿汇聚板块边界向相邻板块下方潜入的过程。洋壳向地幔潜入的过程。
❷ 变质相是在一定的温度和压力范围内，不同成分的原岩经变质作用后形成的一套矿物共生组合。
❸ 火山岛弧是指在大洋中呈弧形分布并有火山分布的群岛，有的为露出海面的海底火山山脉，分布有现今世界上多数的活火山。

在距今 30 亿年至距今 25 亿年这段时间中，这些可能就是陆地景观的主要特征，远远早于"大氧化事件"（Great Oxygenation-or Oxidation-Event，简称GOE）。然而，来自大陆氧化反应的一些元素已经汇集在这一时期的某些沉积物当中了。以前，人们曾经得出的结论是：在 GOE 之前，存在着阶段性的氧气排放，会有氧气存在。一种生物活动能否解释土壤的这种氧化现象？这是否就意味着海洋之外已经存在生命？这个问题的实质比它表面上看起来可要复杂得多。在海岸边，最初的细菌得到了保护，免受紫外线辐射。但是一旦脱离了水，便没有了任何保护它们的东西，因为那时候大气的臭氧层还不存在。然而，似乎某些细菌菌落已经发展出了产生黏液的能力，这使得它们即使暴露在外面的时候也能够保护自身得以存活。而且，27 亿年前这个时间与地球表面环境条件发生重大变化的时间正好吻合。这两个数据是用完全独立的方法研究测算出来的，这增加了这一事件发生的可能性，即在地球历史上，在很早的时候，陆地表面就被占据了，至少是局部地区被占据了。理想的情况是找到真正的化石，但这几乎是不可能的，至少目前无法实现。现今统计清查出来的最古老的样本是真菌，但它却只有 22 亿年的历史，在此问题上，科学界尚未达成共识。

太古宙时期的生命记录

借助目前的气候变化情况，科学家发现了一些已知的最古老的气候痕迹（这是气候变化极为罕见的益处之一）。一些澳大利亚的地质学家前往格陵兰岛进行考察，研究勘测了一些可追溯至 37 亿年前的沉积岩层。以前我们是看不到这些岩层的，但是，不久之前，因为冰雪消融，它们便奇迹般地出现了。在众人震惊不已的目光之下，这些岩层从一些轻微变形的沉积物中显露出来，这种变形结构类似于叠层石。

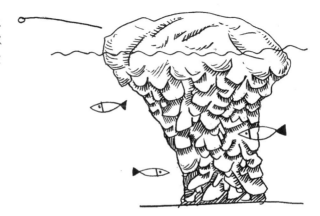

这些叠层石是层状结构，由钙质沉积物和细菌床二者叠加而成

通常来讲，只有蓝细菌❶才能制造叠层石，但是在那遥远的古代，这些微生物的确切本质目前仍不清楚。很显然，蓝细菌是无法呼吸氧气的，因为在当时的大气中也是缺乏氧气的。蓝细菌的生活环境并不是深层海底，而是比较靠近表层的地方，我们称之为"真光层"，在那个时期的微弱阳光照射下，它们繁衍生息着。迄今为止，已知最古老的叠层石发现于澳大利亚的德雷瑟岩组（34.8 亿年前）的硅质沉积物中。因此，这是一个伟大的发现，它将这些结构存在的时间，一下

---

❶ 旧名为蓝藻或蓝绿藻，是一类进化历史悠久、分布很广的大型原核微生物。它含有叶绿素 A，但不含叶绿体（区别于真核生物的藻类），能够在光合作用时释放氧气。

子提前了 2.2 亿年。2016 年，叠层石的发现为艾伦·努特曼以及她的合作者们赢得了登上《自然》杂志的殊荣。但是，此后，同样在这份权威出版物中，另一篇文章却强烈质疑了这些叠层石的存在。（文章指出）在这些岩石中观测到的圆锥形结构仅仅是古老沉积物的一种机械变形。这也再次说明，科学就是这样进步的。仅仅相似是不够的，还应该有其他证据的支撑，尤其是碳同位素地球化学所提供的证据。它标志着微小石墨包体的生物学起源，这些包体分布在古老的变质沉积物中，

在拉布拉多地区发现的这些沉积物可以追溯到 39.5 亿年前。巨大的发现以及它随后引发的争议，将会让人们永远记得挖掘关于那些遥远年代中的生命以及获得它们存在的明确证据是多么的困难。

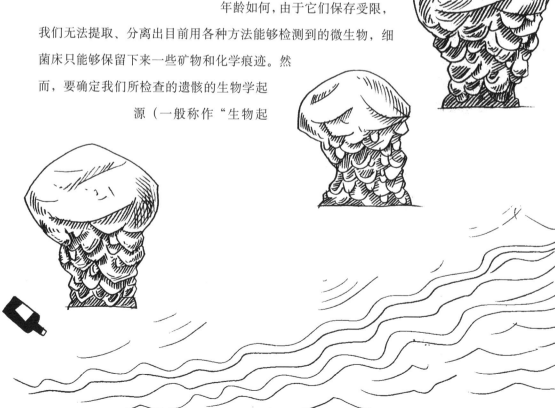

不幸的是，无论细菌床的年龄如何，由于它们保存受限，我们无法提取、分离出目前用各种方法能够检测到的微生物，细菌床只能够保留下来一些矿物和化学痕迹。然而，要确定我们所检查的遗骸的生物学起源（一般称作"生物起

源"），没有什么是比这件事更困难的事情了。因此，一定要非常小心谨慎，而且不要把个人主观愿望当成客观事实。再次重申一下，最有保证的方法就是进行信息交叉。首先，用电子显微镜观察碳结构，然后进行光谱测定分析，这样就能得出石墨的结晶度，最后得出同位素组成。只有采取了如此大量谨慎严密的措施，才能辨识出最微小的生命痕迹。化石的搜寻工作便以此开始了：破碎的细胞、细丝……弗朗西斯・韦斯托尔是从事这项棘手工作的最杰出的专家之一，就职于 CNRS 的他就是这样工作的，并以此描绘出一幅令人信服的图画。

所有这些微生物，无论外观如何，都属于原核生物，而且都是小细胞（直径小于 $10\mu m$)，并且没有细胞核。这些小细胞最常组成团体，而且通常由几个种类组成。在那些遥远的时代，蓝细菌在缺氧环境中成为最上层生物，利用阳光进行光合作用，而位于下层的紫色细菌则通过发酵降解细菌的尸体，然后再往下一层，产甲烷菌将残留物转化为甲烷。最终，这种合作将二氧化碳和甲烷释放到了大气当中。那个时候，大气中仍然还是缺氧的。因此，在太古宙时期，光合作用并不会产生氧气，这一特性直到晚些时候，大约在距今 27 亿年的时候才出现。

03
冰、氧气……
生命大爆炸（距今 25 亿年至距今 23 亿年）

氧——维持生命所必需的重要元素！它从哪里来的呢？也许在 40 亿—50 亿年之后，当太阳变成一颗红巨星❶的时候，可能会产生一些氧。但是目前，在其他比太阳更大的恒星中心，合成的氧才是最多的。当这些恒星消亡的时候，氧便会分散开来，进入星际云中，使其成分更加丰富。通常，氧会以硅酸盐的形式附着在尘埃之中。地球得到了其中大部分的硅酸盐，所以地球总质量的 60% 以上是由硅酸盐构成的。因此，氧元素在地球上分布十分广泛，当我们漫步于布列塔尼地区的花岗岩道路上时，我们其实完全是在氧元素上面行走！那么，我们为什么要对现在大气中的有氧元素感到惊讶呢？

问题在于，在硅酸盐中，氧和硅这两种元素结合得非常紧密，如果没有大量的能量输入，氧就不可能自发地释放到大气中。若要提供如此之多的能量，几乎没有什么其他的可能，只有如下备选原因：要么是地球整个内部机制的部分熔融状态将地核与地幔分开；要么是生命中更为细微和精妙的活动。最近，用金刚石压砧在高温高压下进行的实验表明，从地幔中提取的含有氧化铁的硅酸盐会转化为其他物质，比如含亚铁离子 (Fe^{2+}) 的化合物和金属铁单质 (Fe)。于我们而言，这是一种不同寻常的反应，因为我们一直被地球表面我们所看到的一切制约着、影响着。然而，电子交换不受任何干扰地驱动着这种反应，而且这种驱动不断发生，促使金属铁的形成，其结果是不可逆转的：氧被释放出来，与火山喷发出来的硫结合在一起。

---

❶ 红巨星是一种演化晚期的恒星，广义上包括氢燃烧以后离开主星序的所有大光度恒星。

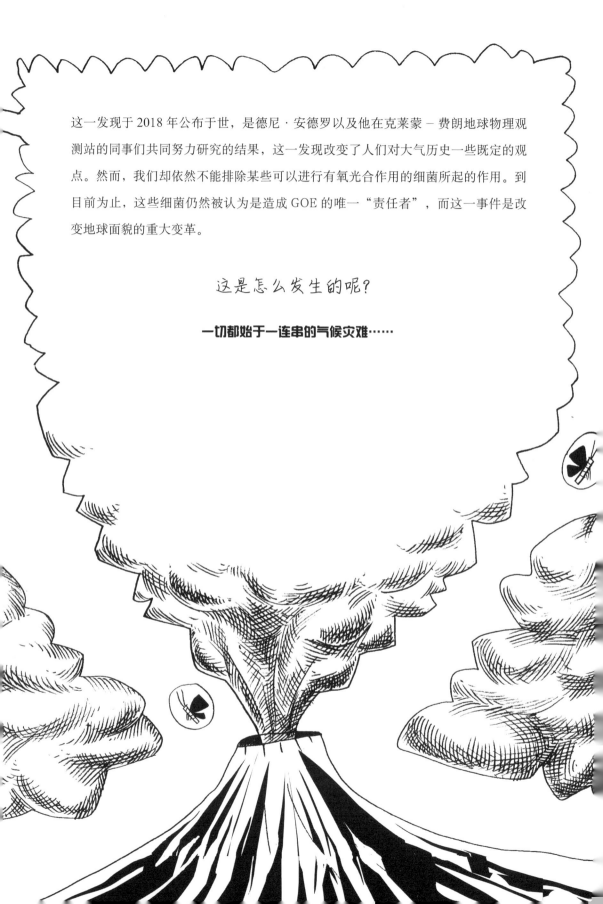

这一发现于 2018 年公布于世，是德尼·安德罗以及他在克莱蒙－费朗地球物理观测站的同事们共同努力研究的结果，这一发现改变了人们对大气历史一些既定的观点。然而，我们却依然不能排除某些可以进行有氧光合作用的细菌所起的作用。到目前为止，这些细菌仍然被认为是造成 GOE 的唯一"责任者"，而这一事件是改变地球面貌的重大变革。

这是怎么发生的呢？

一切都始于一连串的气候灾难……

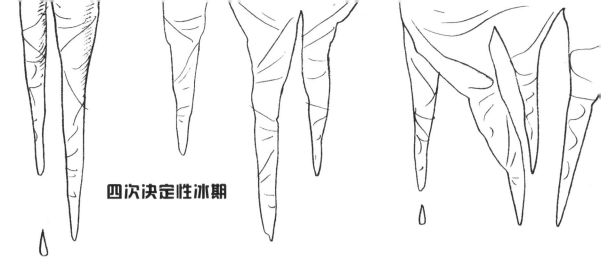

四次决定性冰期

四次主要的冰期，至少最后一次是全球性的（它导致整个地球被冰雪覆盖，形成了一种被称为"雪球地球"的现象），这次冰期发生在距今 24.3 亿年至距今 22.4 亿年之间。整个地球冻结，一直到赤道！你们能想象出那番景象吗？那么，我们是如何知道这些事情的呢？推理的第一步建立在识别沉积物之上，我们需要识别一种称作"冰碛岩"❶ 的沉积物并确定其生成的年代。这些沉积物是岩块和冰川碎屑的混合物，其中冰川碎屑是由各种体积的岩石碎片组成的，从立方米级别以上到毫米级别以下，大小不等。

---

❶ 冰碛岩，世界稀有石种之一。据考证，冰碛岩形成于距今约 6 亿—7 亿年间，由于产生年代久远，亦被称作"长寿石"。

对这些沉积物进行年代测定，我们采用了不同的方法，其中最可靠的是利用含有锆石、云母或其他成分的岩浆体之间的框架，然后再使用放射性时钟。对于地质学家来说，这不过是例行公事的老一套，最大的挑战是另外一些事情。除了需要知道这些沉积物形成的年代，我们还必须测量出这些碎片当时的沉积位置所处的纬度。这些碎片都是由浮冰或者冰山运输而来的，困难正在于纬度的测量，因为陆地上的一切都在顺着板块构造的方向不断地移动，并不是因为我们如今在北美、南非或澳大利亚发现了这些沉积物，所以它们就是在这些特定的地方形成的。现在位于南方的沉积物，很可能最初形成于北方！那么，我们有什么办法呢？答案是：

古地磁学

赤纬❶   倾斜角   强度

在沉积物冻结并固定位置之前，当它们还是柔软状态的时候，含铁矿物就在当时的磁场中定下了方位，然后沉积物逐渐变硬，随着大陆一起移动。因此，形成了微小的局部磁场异常，通过这些异常情况，我们可以测定出沉积物形成的位置。

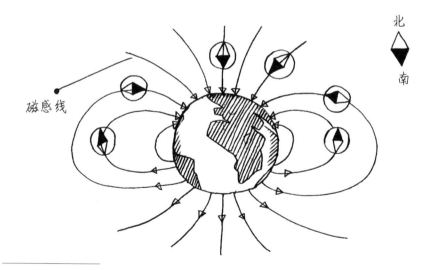

北
南

磁感线

---

❶ 天文学中赤道坐标系统中的两个坐标数据之一，另一个坐标数据是赤经。赤纬与地球上的纬度相似，是纬度在天球上的投影。

接下来，我们将测量出来的倾斜度用于纬度的估测，从而测算出在既定的时间里，冰延伸到了什么地方。我们知道，当时这些冰已经接近赤道了。但是，纬度一旦低于30°，无论是南纬还是北纬，地球反射太阳光的能力（反照率）都会大大高于地球表面其他地方，这会导致该区域无法获得充足的热量，没有冰的地方很少，因为那些区域不能吸收足够的热量来阻止结冰。当时，这种模式超速运行，没有什么能够阻止两极地带的大浮冰蔓延到赤道。

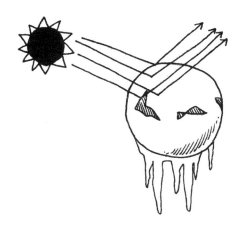

这种情况是异常的，而且是由多种原因造成的，其中最显著的原因似乎是大气中温室气体含量的下降。25亿年前，温室气体的成分主要是二氧化碳和甲烷。前者在与水分子接触的时候会产生碳酸，随着雨水落在陆地上后会溶解掉一部分岩石，然后以碳酸盐的形式又把自己固定住。因此，如果没有其他反应产生新的二氧化碳，它在空气中的含量就会持续下降。至于甲烷，它有一个致命的敌人——氧气。甲烷只要与氧气接触，就会发生反应，形成二氧化碳和水。这些都是在25亿年之前发生的事情。因为当时的太阳光照非常微弱，地球表面非常容易冷却，而且当时的陆地都分布在赤道附近。

但是，你们可能会问，地球如何才能摆脱这个致命的处境呢？由于地球不再吸收阳光，我们也不知道怎么做才可以帮助它摆脱掉这糟糕的境遇。最终，拯救来自火山。火山是通过地幔或者大陆地壳的熔融过程来调节自己生活的，它们对变化无常的气候漠不关心，无论地表发生了什么，火山爆发都会源源不断地向大气中释放出气体，这些主要是水蒸气、二氧化碳和硫氧化物 ❶。正是由于这些气体，温室效应才得以重建。开始时，赤道地区的冰川首先融化，从而减少了地球的反照率。于是，地球开始变暖，从而使冰川融化加速，这种模式开始加速运作，与冰川形成的速度相比，冰川融化的速度要快得多。

这个剧情的发展宏伟壮丽，呈现出了此类事件在全世界范围内一致的情节走向，但却并没有产生一致的后果。众所周知，细节决定成败。我们知道，大气中积累的大量二氧化碳只能非常缓慢地被海洋吸收，并且使海洋酸化，最终酸化到不适合所有生命生存的程度。

然而，事实却并非如此。

---

❶ 通常，硫有 4 种氧化物，大气中主要是二氧化硫和三氧化硫。

完全灭绝并没有发生。现在，我们已经知道，南极洲冰川之下的海底到处都是迷人的生物。

此外，对该时期沉积地层的分析表明，即使是在最严重的冰期，海洋表面也没有结冰。因此，冰期毁灭性的影响被削弱了。伊维特河畔吉夫 ❶ 气候与环境科学实验室的吉勒·拉姆斯泰因在他 2015 年编著的《穿越地球气候之旅》一书中解释了碳循环的复杂机制，关于这一点，我们暂时就说到这里。

古元古代

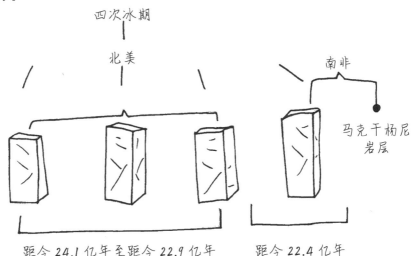

四次冰期

北美

南非

马克干杨尼
岩层

距今 24.1 亿年至距今 22.9 亿年　　距今 22.4 亿年

不难想象，在将近两亿年的时间里，如此极端的气候波动可能改变了地球的面貌。事实上，从那一刻起，地球就永远地离开了原始的太古宙世界。

---

❶ 法国法兰西岛大区埃松省的一个市镇，距离巴黎约 22.9km，是巴黎郊区非常适宜居住的城市，也是旅游城市。

055

大氧化事件

　　我们怎样才能确定一个无形事件发生的准确时间呢？比如像大气中的氧气含量增加这件事到底是哪一天发生的呢？这是每年学生们都会问到我们的一个问题，而每次我们都会不知疲倦地回答："一切答案都写在了岩石上，只要学会阅读岩石就可以了。"这些岩石向我们揭示出来的内容是非常令人着迷的。

　　生物是如何参与 GOE 的启动过程的呢？大气发生如此剧烈的变化，其生物学原因是什么呢？似乎至少有一个原因是产甲烷菌❶数量的逐渐减少。事实上，产甲烷菌的生存需要镍元素，它们利用镍元素来合成必要的酶。在整个太古宙时代，由于岩浆产物（玄武岩和科马提岩[20]）的性质，火山活动为其提供了大量的镍，此外还提供了钴、铬和砷。从各个方面来说，这些都是微生物新陈代谢所必需的一系列化学元素。只要地球保持足够热度，便可以维持岩浆的形成。对于当时的世界而言，所有的一切都很美好。但从距今 27 亿年时开始，情况变得糟糕了。随着地球逐渐冷却到了一定程度，岩浆产物的性质发生了变化，产生的花岗岩开始增多，而科马提岩却消失了。不同的时代具有不同的特点，一系列的元素也发生了变化，锌代替了镍……产甲烷菌开始挨饿了。细菌的种群开始进化，蓝藻类走在了前列。正如我们所看到的，恰恰是蓝藻类生物释放了这种特殊的废物——氧气。此时，由于蓝藻类生物的存在，地球正处于最重大变革的黎明时刻，而在此之前，在漫长的地球历史中，这是未曾有过的情况。

　　现在大家公认的是，大气中的氧气含量是从距今 24.5 亿年开始增加的。但是，发表于 2017 年的一项研究结果却显示，在那个时候，有一个辽阔的火山省位于南

---

❶ 产甲烷菌，专性厌氧菌，是一类能够将无机或有机化合物厌氧发酵转化成甲烷和二氧化碳的古细菌。
❷ 科马提岩，又称镁绿岩，主要发生在太古代岩石中的超基性熔融物。

非的卡普瓦尔克拉通❶，对上面的岩石应用古地磁学分析，可以推导出一个重大消息：当时，冰川的纬度约为 11°，远远低于推算的最低纬度 30°。毫无疑问，那时的地球就是一个大雪球。研究人员进行了更进一步的探索，他们发现，氧气含量并不是均匀增加的，而是呈波动性的，在气候不稳定的约 2 亿年间，高峰低谷起伏不定。奇怪的是，这情形与很久以后，即新元古代末期（距今 7.5 亿年至距今 5.8 亿年间）发生的情况类似。另外提一下，这也正是我们在乌克兰进行研究的原因。

让我们再次回到 GOE 中来，大气中氧气的最大浓度出现在距今 23 亿年的时候，达到了当前值的 10%（目前氧气在大气中占比为 21%），也就是说氧气在大气中占 2.1%（或者说 0.1 个现在标准大气），然后，在距今 20 亿年左右，它又下降到大约是当前值的 1%（0.01 个现在标准大气）。四次冰川期、强烈的火山活动、蓝藻类生物的发展以及 GOE，这些巧合提出了一个问题：

它们分别造成了什么后果？

争论仍在继续，但无论后续结果如何，不容置疑的是，只有大气中的氧气被释放出来而又没有被甲烷消耗殆尽的时候，也仅仅是在这种情况下，氧气含量才会有

---

❶ 克拉通指古陆核，是大陆地壳上长期稳定的构造单元。

所增加。从那个时候开始，产甲烷菌遭遇了饥荒，这大大削弱了甲烷的来源，因此，氧气才会变得过剩并开始集中。为什么大气中氧气的含量后来会降低到原来的1/10呢？这个问题还有待观察，而且那是另外一个问题了，留着以后再解答吧。现在，我们需要考虑一下GOE对地球的影响及其后果。

氧气的存在不仅消除了甲烷，也消除了更为复杂的含碳化合物，这些含碳化合物会形成淡黄色的浓雾，类似于卡西尼号探测器❶发射到土卫六❷上的惠更斯号子探测器所经历的浓雾。突然间，天空变得湛蓝。这片被雨水冲刷过的陆地以不同的方式发展着、进化着，不仅产生了黏土，而且首次产生了氧化铁和氢氧化铁，大陆戴上了一副锈迹斑斑的棕红色面具。侵蚀过后，留下的碎屑慢慢堆积起来，形成了那个时期典型的红色砂岩（红层）。更多的BIF被限制在海底，属于它们的时代已经结束，尽管后来在距今16亿年至距今7亿年之间出现过短暂而迟缓的复苏现象。世界变了，流动的不再是铁，而是铀，其氧化物（U^{6+}）是可溶于水的。大陆上的地表水将铀的氧化物运送至盆地当中，使其在大量可透水的沉积物中循环，直到与还原性介质接触为止。这种情况通常发生在多孔隙的砂岩和富含有机物的页岩这二者之间的断层中，这也是地质学上最常见的情形。在那里，铀又回归于不溶于水的U^{4+}阶段，并且发生沉淀，形成我们今天核工业正在不断积极找寻的铀矿床，加蓬的天然反应堆就是这样形成的。然而，巨大的氧合作用的结果超越了单纯采矿的后果，导致了一场真正的生命大爆炸。

---

❶ 卡西尼-惠更斯号是美国国家航空航天局(NASA)、欧洲航天局和意大利航天局的一个合作项目，主要任务是对土星系进行空间探测，1997年10月15日发射。卡西尼号探测器以意大利出生的法国天文学家卡西尼的名字命名，其任务是环绕土星飞行，对土星及其大气、光环、卫星和磁场进行深入考察；惠更斯号子探测器由卡西尼号探测器携带，于2004年12月24日与母船分离飞往土卫六。
❷ 土卫六又称泰坦星，是环绕土星运行的一颗卫星，是土星卫星中最大的一个，也是太阳系第二大卫星。

为什么会是拉玛岗地 (Lomagundi) 和瓦图里 (Jatuli)？前者是津巴布韦一个地名，后者是卡累利阿一个地名，卡累利阿是位于俄罗斯境内与芬兰接壤的一个自治共和国❶。在那个时候，这两个地方占据着两个独立的克拉通，各自发展，互不干扰。但是它们却有一些相似之处，这些相似之处可以追溯到同一时期却在地理上相距遥远的一些岩层。同时它们也共同见证了一个全球性的大事件。情况是这样的：正如我们所见，大气中的氧化作用改变了整个地球表面的地球化学，因此而建立起来的崭新的环境条件又促进了生物物种的多样化，而至此这种多样化的主导始终是原核生物和古细菌 ❷（即最简单的单细胞生物）。它们更为复杂的同类，即真核生物的起源仍处于激烈的争论之中，尽管科学家使用了诸多手段和方法来进行研究，例如，寻找化石（很难找到）、利用分子时钟（随着时间的推移变得越来越精细），甚至使用地球化学生物标记物，比方说，甾烷 ❸（当心污染）。根据化石专家的说法，真核生物出现的年代最接近于距今 17 亿年的时候，然而，分子时钟的支持者们则勇敢地将这个时间追溯至 GOE 时期，甚至更早，他们认为真核生物应该是在距今 18 亿年至距今 19 亿年之间出现的。在不参与这场争论的前提下，值得回顾的是，在加蓬的黑色页岩之中，我们发现了一些单细胞生物，它们具有真核生物典型的双细胞壁。然而，这个发现却仍然令人难以接受。

---

❶ 苏联和主权联邦政体国家中为了实现民族自治而成立的地方自治行政单位，在苏联的政区划分中，隶属各加盟共和国，级别和苏联各加盟共和国的州平级，但拥有较大的权力，有自己的宪法。
❷ 古细菌是一类很特殊的细菌，多生活在极端的生态环境中，具有原核生物的某些特征，也具有真核生物的特征，此外还具有既不同于原核生物也不同于真核生物的特征。
❸ 甾烷化合物是重要的生物标志，在低温下比较稳定，可以用来进行油源对比，指示沉积环境和判断有机质演化程度。

通过审慎的判断，我们可以得出这样一个结论：如果这些单细胞生物以前并没有出现过，那么，从中元古代初期（距今 16 亿年）开始，它们至少变得多样化了，而且在数量上也有所增加。整个微生物世界都在各自的生态位 ❶ 上繁衍生息，从陆地的各类绿洲到海洋深处的底层，中间也包括有阳光照射的沿海地带和浅海区域（透光区），它们的生态位与它们不同的形态是相对应的。

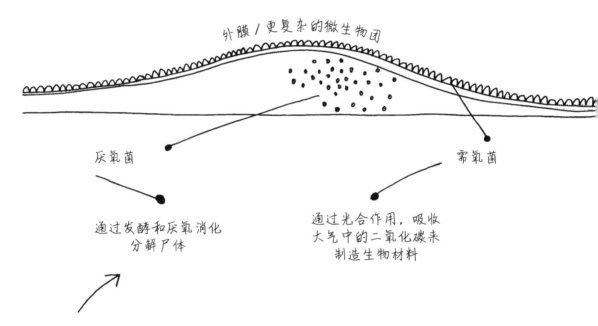

外膜 / 更复杂的微生物团

厌氧菌

需氧菌

通过发酵和厌氧消化
分解尸体

通过光合作用，吸收
大气中的二氧化碳来
制造生物材料

这是一个美丽的故事，但是，究竟是什么可以让我们联想到这场生命大增殖呢？这些非常脆弱的生物几乎没有留下什么确切的化石，但它们却在沉积层中镌刻下了无可争议的同位素特征。为了消耗最少的能量，生物实际上会更喜欢使用轻碳（^{12}C），而不是重碳（^{13}C），因为重碳有一个额外的中子。因此，堆积在海底淤泥中的有机物从水中掠夺了轻碳，而这些轻碳其实是水为自己而准备的。

---

❶ 生态位是指一个种群在生态系统中，在时间空间上所占据的位置及其与相关种群之间的功能关系与作用，又称生态龛，表示生态系统中每种生物生存所必需的生境最小阈值。

这就导致了水中含有更多的重碳。其实这一点儿都不复杂，地球化学像是一个杂货铺，它只是改变了一下货架的摆放位置而已。

让我们离开全球舞台，再次专注于加蓬

我们只要有了耐心，就能够从看似普通的岩石中提取出来令人难以置信的信息。我们在地面上看到的大规模结构证明了盆地的沉降、山脉的隆起或者特定的海洋条件，而这些都是能够进行反向验证的。对矿物的检测揭示了它们穿越地壳的旅途，微量化学元素以及它们的同位素记录了从最初开始的一系列转变，其中某些转变显示出了这些石头的年龄。地质学是一种对远古的追逐，它把我们带回到了遥远的过去。有时候，我们还会发现宝藏。现在，是时候去参观一下古老的加蓬了，那里非常完好地保存着距今 21 亿年的沉积地层……

04
彼时之加蓬

　　在元古宙初期，在那漫长的历史长河之中，加蓬的地质历史占据了其中的一个篇章。在距今 25 亿年至距今 20 亿年之间。如果我们想要了解这段历史，就必须忘记当今世界将非洲和巴西分隔开来的大西洋。因为在那个时候，地球上的地理位置与我们今天所熟悉的地理位置大相径庭。

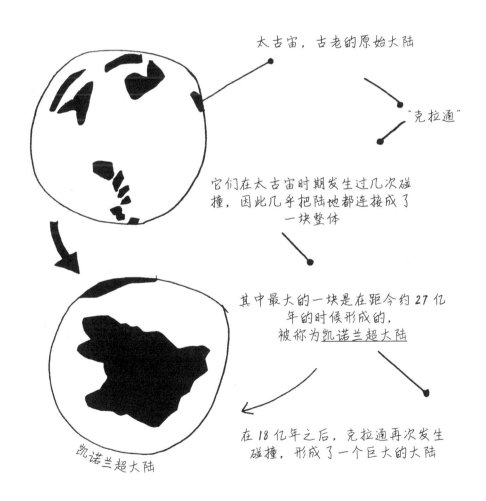

太古宙，古老的原始大陆

"克拉通"

它们在太古宙时期发生过几次碰撞，因此几乎把陆地都连接成了一块整体

其中最大的一块是在距今约 27 亿年的时候形成的，被称为凯诺兰超大陆

凯诺兰超大陆

在 18 亿年之后，克拉通再次发生碰撞，形成了一个巨大的大陆

努纳大陆（也称为哥伦比亚大陆）

地球历史上第一个真正的超大陆

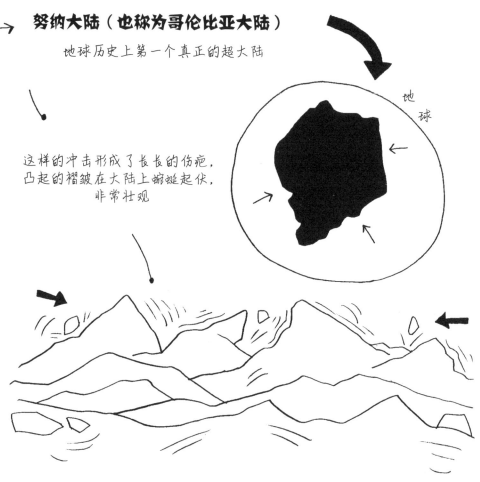

这样的冲击形成了长长的伤疤，
凸起的褶皱在大陆上蜿蜒起伏，
非常壮观

对于加蓬的地质情况来说，一切都起源于西部的圣弗朗西斯科克拉通（现位于巴西）和东部的刚果克拉通（现位于刚果盆地）的碰撞。

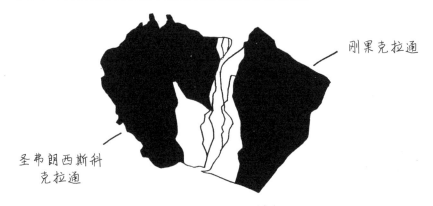

开启再关闭一片被遗忘的海洋

就目前而言……圣弗朗西斯科克拉通和刚果克拉通还仅仅是一块大陆……一旦大量的大陆聚集在一起，作为集合体，它们的命运就已经注定了：它们只能再次分开。

I. 原因很简单

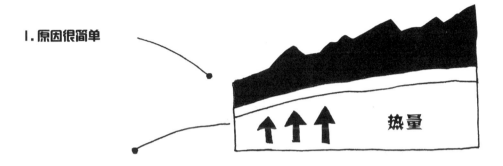

热量

增加的热量会导致地层底部熔化，然后形成半固体、半液体形态的混合状岩石：混合岩。在加蓬，它们的年龄几乎家喻户晓：24.5 亿年。

2.

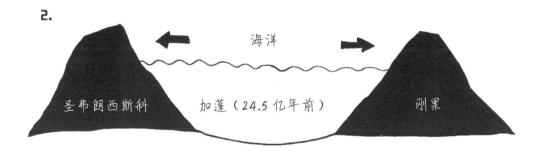

海洋

圣弗朗西斯科　　加蓬（24.5 亿年前）　　刚果

然后，海洋逐渐扩张，这一过程持续了 2 亿多年。在距今大约 22 亿年的时候，海洋的扩张已经到了当时地球动力学所能允许的最大范围，然后就开始闭合。被海洋所分离的那些大陆板块，现在正在互相接近。当然，在原始裂痕形成的悬崖下面，还堆积着大量的残骸和海洋沉积物，它们就是最初发生碰撞的地层。由于海洋岩石圈的下沉，它们发生了变形。想象一下，两个同等强大的巨物发生碰撞，这是多么震撼啊……在我们的例子中，一块克拉通压在了另一块克拉通的上面，由于浮力的挤压引发了一些出其不意的攻击，因为下层的地幔不可能无休无止地沉陷。从建立起联系的那一刻开始，刚果克拉通就钻到了圣弗朗西斯科克拉通的下面，从而引发了这场冲突与对抗。

大陆碰撞力学

在当时的地理条件下，碰撞是间接造成的。海洋首先是从南侧开始消失的，然后逐渐向北封闭起来。这一运动塑造了加蓬目前的整个地质结构，还有上面纵横交错的巨大裂缝。两块克拉通之间的对抗扩大开来，留下了巨大的伤痕，然后再进行伤痕缝合，因为这也是其中的一个步骤，于是导致了大规模地质断层的形成，巨大的板块沿着这些大断层滑动，所有这一切都和在喜马拉雅山脉中发生的情况一模一样。当然，伴随着这些运动的是异常强烈的地震活动。山体剪切变形、已深埋的岩石重新上升、山峰不断受到侵蚀……所有这一切都在这个国家的地质构造中留下了不可磨灭的痕迹。这些大型运动从根本上改变了凹陷洼地以及其中堆积的残骸的形态。

顺便说一下，这是地质学教给我们的一堂概括性的通识课。一座山出现了，顷刻间就会被侵蚀，它一出生就注定了会立即死亡。这种缓慢灭绝的证据就是在较低地层上不断累积的残骸，沉积地层中保存着当时古环境条件留下的种种信息，而这些信息正是我们一直苦苦寻觅的。此外，这种涉及大陆地壳和上地幔的剧变，必然会伴随着强烈的岩浆作用。似乎，当时许多火山都不得不向大气中排放大量的气体和火山灰。我们一直在努力重建当时的景观，而对于那种景观的塑造，那些火山功不可没。

弗朗斯维尔盆地的沉积物

这是一种精神传承！一切荣光属于所有研究者！首先，我们必须向先驱者致敬，特别是我们前面提到的弗朗西斯·韦伯，我们必须向他致以最崇高的敬意。他坚持不懈地绘制了弗朗斯维尔盆地的地层沉积序列，即不同沉积地层的叠加顺序，他确定了加蓬历史这本伟大著作的各个章节名称，能够给这些章节补充一些内容，我们荣幸之至。经过多次勘探，弗朗西斯·韦伯最终确定了五个沉积序列，它们构成了弗朗斯维尔盆地中沉积物的地层柱状剖面图。一共分为五个地层单位，从最下层到最上层，即从最古老到最近，缩写为 FA、FB、FC、FD 和 FE。

地层 FA

FA 沉积序列位于最深层，是由多少有些粗糙的砂岩沉积物组成的。专家们首先发现它们具有河流沉积物的特征，然后又发现它们也有沿海沉积物

FE

FD

FC

FB₂

FB

1000

FA

黑色 ——

暗绿色 ——

红色 ——

068

FE

FD

FC

宏观化石

FB 2

碳酸盐
白云石

FB 1

砂岩
黑色页岩

·OO M

FA

的特征。换句话说，在整个 FA 沉积序列中，我们可以看到海洋逐渐侵入一块洼地，而这块洼地是由一些从西向东的河流汇入而形成的。在弗朗斯维尔盆地中，地层 FA厚约 1 000 m。

颜色是一个重要的信息，但是却有点儿模糊不清。我们不要忘记，那个时候可是一个非常特殊的时期，正是在那个时期，大气中出现了氧气。土壤中的铁被雨水侵蚀，氧气的存在改变了它的状态，这也就解释了在变成灰色之前，岩石会呈现红色的原因。

地层 FB

FB 沉积序列也有 1 000 m 厚，它是由黑色的细粒沉积物构成的，与形成 FA 沉积序列的那些东西非常类似。然后，事情突然发生了变化，巨大的白云石块与硅质岩交织在一起，地质学家们称之为浊积岩。

弗朗斯维尔盆地整个 FB 沉积序列的另一个特征就是：黑色页岩、砂岩和碳酸盐中都充满了有机物。很明显，原油是在沉积物掩埋过程中形成的，然后在可渗透的区域内循环。无论什么年代，世界上所有盆地的情况都是如此。也正是这种方式，让 FA 沉积序列的红色砂岩染色变色的。但是，难道没有办法找到变成原油之前的那些生物遗留下来的踪迹吗？唉呀呀！时间会清除那些不稳定的物质，比如它们的分子。在黑色页岩中只剩下了石墨，但在我们观察到的少数几个固化的沥青中却几乎没有石墨。无论如何，它们的存在对奥克洛铀矿和穆纳纳铀矿的形成都起着决定性作用。

天然核反应堆

在这里，我们并不打算展开讲解那些世界上独一无二的事件，从被发现之时的离奇故事开始，关于它们的一切已经被重复了一遍又一遍。如果想要理解这件事情，必须阅读一下国际核学会理事会主席伯特兰·巴雷发表的一篇文章，题目是《奥克洛（加蓬）的天然核反应堆：比费米❶ 还要早二十亿年！》。文章列举了 17 个天然核反应堆，但是其中只有一个被认为是具有价值的证据，称得上是地质学上的纪念碑！所有的这些东西都形成于连接地层 FA 砂岩和地层 FB 黑色页岩的断层附近，在那里，重油❷ 也是能够循环的。有机物繁殖得越多，其产生的还原性条件就越强，这可以使铁熔解，但会使铀沉淀。沥青铀矿❸ 填满了砂岩的所有孔隙，并逐渐延展开来，形成了数米长的石英质的矿石。引发连锁反应的物理条件是多方面的，而且每一个条件都是必不可少的。首先，必须达到临界质量，估计约需要 15kg 的纯金属，同时还要考虑到石英所造成的稀释作用，它相当于一个足球的大小，远远小于矿床的总容积。接下来才是最可怕的，导致原子核裂变的中子供货商——高度可裂变的同位素 ^{235}U，它的含量需要达到合金的 2%—3%。目前，这一比例仅仅为 0.71%，因此，科学家必须对天然矿石进行富集，然后才能在核电站中进行使用。但 20 亿年前，情况却不是这样的，因为当时同位素 ^{235}U 的含量高达 4%。然后，中子的能

❶ 恩里科·费米，美籍意大利裔物理学家，1938 年诺贝尔物理学奖获得者，首创了 β 衰变的定量理论，负责设计建造了世界首座自持续链式裂变核反应堆，发展了量子理论。
❷ 重油是原油提取汽油、柴油后的剩余重质油，特点是分子量大、黏度高。
❸ 产于中低温热液铀矿床、沉积和沉积变质型铀矿床中，是提取铀和镭元素的最重要的工业铀矿物。

量必须被缩减，这就是水和石墨的工作了。

专门研究这些天然核反应堆的物理学家估计，这些天然核反应堆可能已经按照这个模式运行了大约 80 万年，在这一过程中，黏土逐渐在其表面形成了一层壳，将它们包裹了起来。因此，我们再次仔细地查看了它们，想要寻找一些类似于放射性废料储存仓库的东西。结果令人惊讶不已，借助于这种黏土覆盖物的封闭，放射性元素几乎完全没有迁移到环境中。我们对此的了解只有这些，那些天然核反应堆还一直处于被研究之中。目前，它们仍是世界上已知的仅有的天然核反应堆。

弗朗斯维尔盆地历史的尾声

地层FC

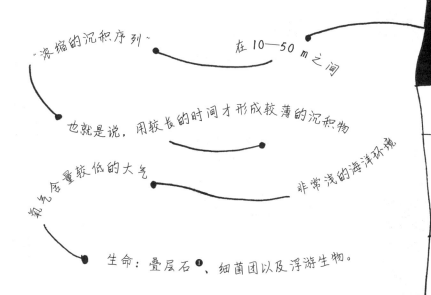

在形成新的沉积序列之前，似乎有一段侵蚀期。

"浓缩的沉积序列"

在 10—50 m 之间

也就是说，用较长的时间才形成较薄的沉积物

氧气含量较低的大气

非常浅的海洋环境

生命：叠层石❶、细菌团以及浮游生物。

---

❶ 叠层石是由藻类在生命活动过程中，将海水中的钙镁碳酸盐及其碎屑颗粒黏结、沉淀而形成的一种化石。

地层FD

地层FD与前面的一切形成了鲜明的对比。

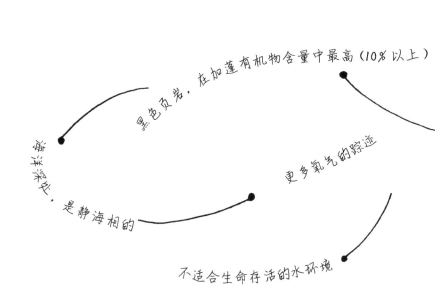

黑色页岩，在加蓬有机物含量中最高（10%以上）

更多氧气的踪迹

黑色页岩，是静海相的

不适合生命存活的水环境

FE

FD

FC

FB₂

FB₁

FA

现如今，这种环境情况仍然存在于黑海深处。所以，这并不是古海洋状态的回归，虽然古海洋本身就是缺氧而且含铁的。这就是专家们所说的"无聊的十亿年"的开端。

现在，我们来到了加蓬古元古代历史的最后一部分。地层FE拥有着最后的那些沉积物。那些砂岩至少有400m厚，在该地区的景观中形成了不对称的地势起伏，称为"单面山"❶。更多的火山出现了，原因在于它们主要是由太古宙石基的碎片构成的。

---

❶ 又称半屏山，是一种地形，指一边极斜一边缓斜的山。

从地层 FA 到地层 FD，这段旅程揭示了一段 2 亿年的漫长历史，导致了环境条件的逐渐变化，如同海洋的潮汐涨落一般。然后，这段历史被更剧烈的地质现象打断了，那些地质现象是由地质构造活动和岩浆活动所造成的，前者会使地质断层重新活跃起来，后者会导致火山喷发。在弗朗斯维尔盆地整体的沉积序列中，在距今 22 亿多年的 FA 时期，我们可以看到 GOE 的影响，接下来是距今 20 亿年的时期，水中氧气的浓度急剧下降。世界上很少有地方能够如此持续地呈现出变革的结果。现在，时间到了，我们可以尽可能地接近这个隐藏的宝藏了：

宏观化石。

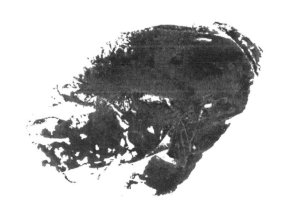

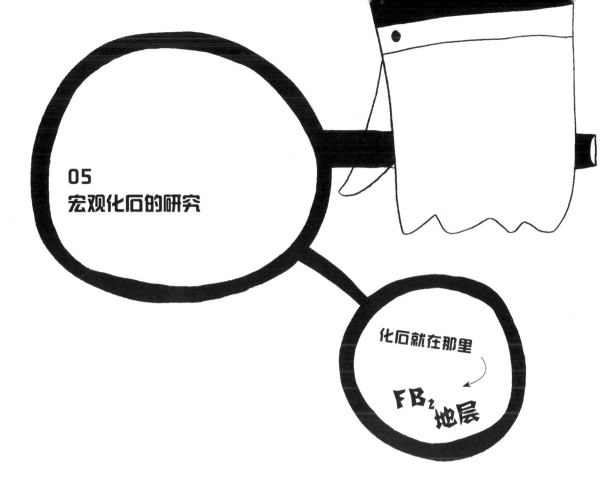

05
宏观化石的研究

化石就在那里

FB₂地层

2010 年 7 月 1 日发表在《自然》杂志上的那篇文章使科学家感到极度震撼，并引起了强烈的反响，某种程度上来说，是超级强烈的反响。某些人坚决反对他们所看到的东西，并声称（以至于现在仍然声称）那只是一些有点儿奇怪的黄铁矿结核罢了。这是一场唇枪舌剑的科学大辩论，而激情是胜负成败的关键所在。在 2018 年，经过了长达 8 年的辩论后，尽管依旧存在着一些不可调和的分歧，但科学界达成共识的范围已经有所扩大了。可争论仍在接连不断地增加，大家都想要确定，这些稀奇古怪的东西是否就是 21 亿年前的生物，它们曾在一个被遗忘的海洋的浅层含氧水域中生活过。

出乎意料的生物学多样性：宏观化石

关于发现和发表的小故事

简直惊呆了！索高巴公司采矿场上的黑色页岩刚刚向我们揭示了一个完全未知的世界。我们的眼前出现了许许多多奇形怪状的化石，它们的厚度都只有几厘米。第一批引起我们注意的是一些由黄铁矿晶体构成的化石，这些化石中也含有一些其他的晶体，但那些晶体仅仅在岩石上留下了一点点痕迹。我们因此迅速进入到一种极度兴奋的状态，迫切想要对这些化石进行分析。首先，为了确定这些岩石的生物成因，我们需要南锡的离子探针微量分析仪。不过，我们要从哪里开始着手呢？显然，首先要研究这些岩石的形态以确定它们的多样性，这件事极其重要。幸运之神降临到了我们身边，因为在地质部门有一种仪器，就是前面提到过的 X 射线显微断层成像扫描仪，所以我们可以在不破坏样品的前提下进行此类分析。我们充分地利用了这台仪器，最大限度地应用了 X 射线的空间分辨率。含有大量铁的黄铁矿会比包裹在其外部的黏土基质吸收更多的 X 射线。通过对比，我们就可以用一种相对容易的方式来获得化石的三维图像，然后，我们就发现了那些完全未知的结构：有些化

石整体是扁平的，但里面细褶皱状的中心却被多瓣环形物包围着。

有些化石的质地更紧密，或者呈现出一串念珠的形式。

还有一些化石显示出有某种尾巴的样子。

更有甚者，还有一些化石，呈丝状，还有各种分叉……

离子探针微量分析仪的初步分析结果出来了，这些结果非常鼓舞人心，符合生物成因之化石的标准，这些化石确确实实是真正的生物有机体残余。无论它们外形有多奇怪，我们都可以将其作为有机生物进行进一步研究了。是时候公开发表这一发现了，如果可能的话，发表在《自然》杂志上最好不过了。但这件事情进展得并非一帆风顺，在经历了一番发表波折之后，一些著名的古生物学家又提出了强烈的反对意见。至于将这些生物编入生物多样性目录，估计还需要等待很多年，而且仍然困难重重，需要我们去解决。最后，*Plos One*❶ 杂志经过斟酌之后，最终于 2014 年 6 月刊发了我们的文章 ❷。

在采矿场的黑色页岩中，尽管我们收集到的化石多种多样，但无论是与那时候的化石还是以前的化石相比，它们和人们所熟知的生物世界竟然没有一丁点儿相似之处，却与一些生活在下一个地质时期的生物有一定的亲缘关系，例如中元古代（距今 16 亿年至距今 10 亿年），或者更晚一些的新元古代（距今 10 亿年至距今 5.42 亿年）。这可能是一个偶然的结果，也可能只是单纯的适应性辐射 ❸。就目前而言，没有什么是比这更加不确定的事情了。许多个体表现出一些独特而又奇异的形态特征，但另外一些特征则很少被观察到。多样性就摆在那里，就摆在我们的眼前。现在，普瓦捷大学方面收集到的样品已经超过了 500 份。在加蓬，就在那个时候，看起来似乎发生了一场特别具有创造性的生命大爆发，甚至可能是地球历史上的第一次生命大爆发，在此之前，地球一直被细菌统治着。这场生命大爆发是非常值得注意的，它衔接了前几章中提到的两个关键性事件，而这两个关键性事件又终结了太古宙的原始时代，它们就是 GOE 和拉玛岗地－瓦图里事件中的生命增殖。在这个巧合中，有一些东西值得我们深刻反思，但在此之前，我们必须详细说明一下观察结果。化石残骸的厚度 2—17cm 不等，这并不罕见，因为即使简单的细菌群落都可能在体

---

❶ 一本生物学杂志，由美国旧金山的非营利性组织公共科学图书馆 (Public Library of Science) 出版管理。
❷ 题目为：*The 2.1 Ga Old Francevillian Biota: Biogenicity, Taphonomy and Biodiversity.*
❸ 在进化生物学中指的是从原始的一般种类演变至多种多样、各自适应于独特生活方式的专门物种（不包括亚种，即它们之间不能交配的物种）的过程。而这些物种虽然有差别，但却在某种程度上保持了原始物种的某些构造特点。

积上超过它们。一些研究人员甚至认为，它们只是被水流撕裂并沉积在较远地方的包裹物碎片。如果这种假设成立，我们要如何解释小个体和大个体之间在组织结构方面的相似之处呢？一方面，偶然的撕裂不会造成这些相似性；另一方面，在某些部分，这些所谓的碎片比细菌毯（tapis de bactéries）还要厚。因此，必须承认，我们正在处理的是一个由多细胞有机体组成的生态系统，而且很可能是地球生命历史上最早的多细胞生态系统之一。

奇怪的化石

我们多次收集到了一种化石,这种化石中间有一个较大的内核(直径大于 2 mm),周围是分叶型环状冠。

大家可以怀揣疑问,同时也必须提出问题:那些负责降解这些宏观生物的细菌最终变成了什么呢?在沉积物中,它们仍然是有迹可循的,即以所谓的"遗骸包裹物"的形式存在着。

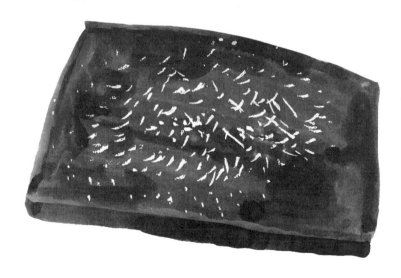

有一种诱惑令人难以抗拒，那就是重建这些生物化石，即
重建这些生物在成为化石之前活着时的样子。然而，为
了避免陷入科幻小说的泥潭，我们必须尽可能
严格地遵照程序来操作，那就是要分析和收
集由所有连续的变形尸体形成的化石。但这

仍然是猜测，是猜

测……是符合科

学规律的猜测！最常

见的分叶型化石，其内核是有褶皱的，就像坍塌
了的圆顶结构一样。它们的组织会与我们已经熟
知的水母类似吗？我们可以展开充分的联想，因
为这并非完全不可想象。然而，

它们的外观看起来不是完全相同的，其中一些具有巨大的
中心内核。那么，那些相似之处和不同之处到底是从何
而来的呢？

化石本身会导致生物死

后发生变化，这是无法避免的。在生物体边缘增长出
来的黄铁矿晶体改变了生物体表面的样子。生物体被
深深地埋到了地下，经过土壤板结，再加上成岩作用
的一系列反应，它的轮廓就发生了变化，外部边界也
变得更加复杂了。最后，并不是因为所有这些形式的
化石都是在 FB_2 地层发现的，而且都在黑色页岩中的
相同区域内。所以，这些生物就是在这个地方一起出
现的。如果它们中的一些漂浮在水面上——就像在那
些分叶型化石中心出现的褶皱，那它们一定是在死亡

之后才沉落到海床上面的。这个地方到底连续地聚集了几代生物呢？在重建一个生态系统时，尤其是重建那些被我们定义为"生物"的东西，即重建生活在其中的所有生物时，我们必须慎之又慎。

不要忘了，不是所有的化石遗迹都被黄铁矿化了，有些仅停留在印迹状态。其中，最常见的类型是直径约为2cm的圆形化石，它们的组成包括一个凸起的呈弧面的中心，有时会被拉伸成星形，加上外部一个非常平坦的没有分叶的环状冠。它们的体量大小以及生物构造的规律性曾一度引导大家联想起由甲烷气泡破裂所激活的迷你型泥火山，但显微断层扫描却完全排除了这种可能性。因为无法观察到相关沉积物的变形，所以这些圆形沉积物确确实实应该是沉积在地表的。因此，这些痕迹是有生命的生物体遗留下来的。还有一些更加令人费解的痕迹值得我们进行深入

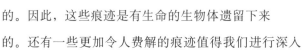

研究。在这些痕迹之中，有一个明显的、大尺寸的圆形图案（直径超过7cm）似乎是由多个结构并列组合而成的，这些结构或多或少都呈规则的圆形，直径在0.5—1cm之间。这些痕迹完全是一个谜团，只有透过那些最为杰出的专家的眼睛，才能揭晓答案。那些以丝状结构连接在一起的一串小球，看起来像是念珠一般的痕迹，以及那种带着一条长度超过17cm的尾巴的巨大痕迹，它们的情况类似。

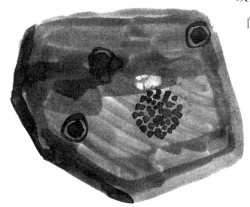

在泥沙 ° 中研究其内部孕育的黑色页岩

破译黑色页岩

从我们所能观察并分析的黑色页岩当中，可以提取出某些指标，这些指标能够识别出这些生物所处环境中的某些性质。沉积学家一致认为它们是富含有机物的黏土沉积物在埋藏过程中转化的结果，换句话说就是海底沉淀物。

土壤板结和成岩作用所导致的一系列矿物反应会将孔隙中的水分排出，并且至少使部分构成这些孔隙的黏土脱水。温度和时间的作用改变了含碳分子，使其变成原油状态，因而它的成分中便不再只含有沥青和石墨了。对宏观化石的调查研究是异常复杂的，因为与原来泥沙中所包含的成分相比，这些岩石中所包含的一切都已经变得非常不同。这个问题需要我们从所看到的以及尚未看到的东西开始，一个一个地进行思考。当时沉积的黏土并不是在较浅水域中形成的，因为在浅水区域形成的沉积物中会有多细胞生物。

---

❶ 在法语中，花瓶和泥沙是同一个单词（vase），但词性不同，插图是一个花瓶，故是一种幽默的表达。

一片腐烂的泥沙

这片泥沙中的矿物部分是由蒙皂石、云母碎屑、石英碎块加上附近裸露陆地蚀变形成的斜长石组成的。于我们而言，目前最重要的是要弄清楚膨胀性黏土中混合的大量有机物质究竟从何而来。只有微生物可以将生物体降解成分子，然后，这些分子附着于悬浮在水中的矿物质颗粒上，与含盐的介质相接触，从而形成小的团聚体，最终沉淀在底部，形成流态化的海底沉淀物，甚至是水分含量在90%以上的泥浆。沉积过程是非常缓慢的，而且只有在介质平静的情况下才会发生，同时，波浪或者潮汐交融的能量不能太大。尽管如此，这种低黏性的介质还是可能会因为在低缓的斜坡上滑动而变形，从而留下沉积学家很容易就能够辨认出来的痕迹。但如果介质保持不动，就会留下水流的痕迹（波痕）或者干扰痕迹以及许多其他痕迹。这块栖息地完全浸泡在水下，成为有机化合物、黏土和细菌的混合体，同时成为特定的矿物反应场所，我们将其称为"早期成岩作用"。

那些尚未转化成为黑色页岩的泥浆含有硫化物，但这些泥浆的结构仍然非常疏松。在达到坚硬的岩石状态之前，这些泥浆必须首先受到土壤板结的影响。在埋藏过程中，泥浆逐渐被夯实，这便使非常高的孔隙度不断降低，这一系列操作会将水排出来。在某些情况下，水流排出过程的痕迹会被保留下来，这样我们就可以看到精彩的喷射场面了。黏土颗粒、云母碎屑以及所有那些看起来宽度非常大的东西（注意是宽而不是厚），都会莫名其妙地呈现一种趋势，即倾向于与沉积物相垂直。而持续不断泄漏的气泡正在局部地改变着这个美丽的集体环境。更加坚硬的物体，如黄铁矿晶体簇，也会使黏土基质的平面结构发生扭曲，这是确保早期成岩作用发生的前提。在这种程度的变化之下，原始泥浆会变得更加坚硬。泥浆进入埋藏成岩的整个过程的本质就是触发矿物反应，或多或少地消除那些由岩石风化剥蚀造成的遗留。

泥浆里的生命：细菌毯的发现

研究细菌留下的痕迹

　　场景早已被设定：在靠近海岸的浅水区域，泥浆覆盖着海底，海浪翻滚，推动着阳光照射下的低氧海水。细菌已经大量繁殖，仿佛在向我们证明黑色页岩中有机物的丰富程度。于是，立刻就出现了几个问题：这些细菌是像某种浮游生物一样分散在透光区吗？抑或，它们是在泥沙中成群结队地生活吗？最初就只有细菌吗？我们发现的少数微化石❶要大得多，而且带有双壁。这些化石属于孢子型真核生物，类似于一种单细胞藻类，疑源类❷。微生物的世界比我们想象得更加多样化，并且惊喜远远不止于此。事实上，在一次实地考察任务中，我们发现了细菌毯的明显痕

---

❶ 形体微小，一般肉眼难以辨认的化石被称为微化石，如有孔虫、放射虫、介形虫、沟鞭藻和硅藻等，还有某些古生物类别的微小部分或者微小器官，如牙形石、孢子、花粉等。
❷ 疑源类是具有有机壁的、亲缘关系不明的微体化石类群，它们很可能是多源的，具有不同亲缘关系的集合体，目前不能将它们归为任何已知的生物门类，但随着研究的深入，一些疑源类被归为蓝藻。疑源类在地层年代的确定、生物地层对比等方面非常有用，特别是在元古代和古生代地层中，疑源类有时是可找到的唯一化石，因此疑源类被广泛地应用于生物地层学、古地理学和古环境学的研究之中。

迹，这些痕迹是能够覆盖数平方分米的构造结构。为什么这些痕迹之前没有被发现过？和之前一样，一切又将从一个问题开始，即通过这些脆弱的结构可以解释明白的残留物，它们能够继续存在吗？但一切都与这种可能性背道而驰，年代太过久远，另外，还有土壤板结和晚期成岩作用的影响。

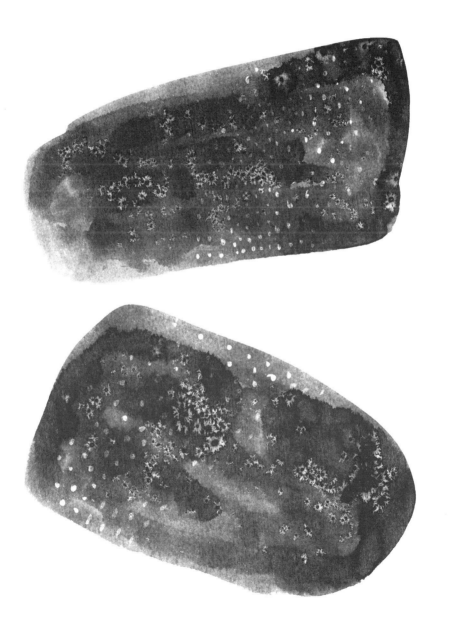

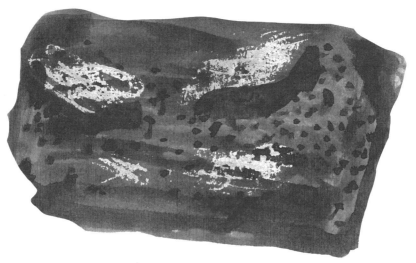

探索的收益

大众传媒宣传的益处

2010 年，加蓬生物群的发现一经公之于世，不仅仅震撼了专家的小圈子，也震撼了广大的传媒界，这一结果是不可避免的。然而，报纸、广播和电视台记者的每一次煽动都伴随着某种极度的焦虑不安。我们没有经历过这方面的训练，所以你们可能会发问："为什么要屈从于蛊惑人心的危险言论呢？"或者你们会说："还是承认吧，你们就是虚荣！"不，当然不是！来自媒体的考验，总是让人不安，无论提问的人拥有什么样的专业背景，留给你回答的时间总是很短暂，这就迫使你不得不把科学辩论简化到极致。到了最后，我们就把需要一点一点去证明的事情以漫画的形式描绘给大家。通常情况下，为了尽可能快速地传播给尽可能多的人，广播、电视节目或者是采访节目一般都是通过反复推论直到得出的结果没有细微差别，然后将其作为确定性的结果而结束节目的……

责任心与必要性

媒体掀起的风暴，无论多么猛烈，都只是吹一阵子而已。新闻报道的节奏既不是科学的节奏，也不是教学的节奏。我们很快就意识到，需要以一种更加可持续发展的方式接触公众，尤其是年轻人，这才是至关重要的。学术方面的进展，如果不能够传播出去，将是一文不值的。因此，我们必须采取行动，但是也不能牺牲研究时间。终于在2014年，我们才近乎奇迹般地找到了一个解决方案：著名的维也纳自然历史博物馆邀请我们去展览在索高巴公司采矿场中发现的那些引人注目的化石。博物馆的负责人工作效率极高，化石的运输工作正是由他们负责的，同时也包括那些必不可少的保险事宜。这些精美的陈列品展示柜上贴着"加蓬弗朗斯维尔化石群"的标签，意味着它们是来自21亿年前加蓬生物群的杰出代表。这些化石在博物馆里光荣地展览了9个月，从那以后，其他的大型博物馆也向我们发出请求，要展览同样的展品。但是，由于时间不够充足，我们感到非常遗憾，到目前为止，还不可能完全满足那些要求。然而，让公众了解我们的研究情况是我们的一个基本责任，我们必须以某种方式来承担这个责任，而且这也是必要性所趋。我们也想去普瓦捷的各个高中和大学，与学生以及他们的老师共同分享科学探索的经验，目的显然是要吸引更多的年轻人参与到科学活动中来，最好是投身于地球科学。校方总是非常热情地接待我们，但是每次都会发生同样的情况：几个班级的学生聚集在同一个房间里，声音非常嘈杂，直到负责邀请我们的老师开始介绍演讲者，此时，喧闹声才会停止，气氛才会平静下来，我们的演讲才得以在大家全神贯注的沉默中进行下去。接下来会是学生的连串提问，回答这些问题的确算得上是一种极大的乐趣。那些问题涉猎的范围十分广泛，从化石的识别到研究人员的薪水，不一而足。这是一些精彩的交流，其中最重要的是传递发现和探索的喜悦。

但是科学的探险活动还没有结束。目前，我们把注意力集中在肉眼可见的宏观化石和从索高巴采矿场上带回来的岩石碎片上。这是一项艰巨的任务，资金还算充

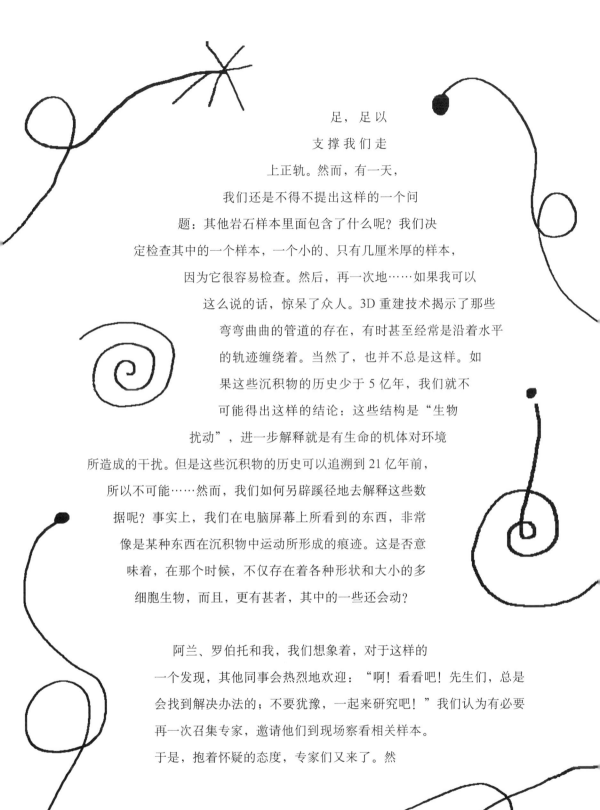

足，足以

支 撑 我 们 走

上正轨。然而，有一天，

我们还是不得不提出这样的一个问

题：其他岩石样本里面包含了什么呢？我们决

定检查其中的一个样本，一个小的、只有几厘米厚的样本，

因为它很容易检查。然后，再一次地……如果我可以

这么说的话，惊呆了众人。3D 重建技术揭示了那些

弯弯曲曲的管道的存在，有时甚至经常是沿着水平

的轨迹缠绕着。当然了，也并不总是这样。如

果这些沉积物的历史少于 5 亿年，我们就不

可能得出这样的结论：这些结构是"生物

扰动"，进一步解释就是有生命的机体对环境

所造成的干扰。但是这些沉积物的历史可以追溯到 21 亿年前，

所以不可能……然而，我们如何另辟蹊径地去解释这些数

据呢？事实上，我们在电脑屏幕上所看到的东西，非常

像某种东西在沉积物中运动所形成的痕迹。这是否意

味着，在那个时候，不仅存在着各种形状和大小的多

细胞生物，而且，更有甚者，其中的一些还会动？

阿兰、罗伯托和我，我们想象着，对于这样的

一个发现，其他同事会热烈地欢迎："啊！看看吧！先生们，总是

会找到解决办法的；不要犹豫，一起来研究吧！"我们认为有必要

再一次召集专家，邀请他们到现场察看相关样本。

于是，抱着怀疑的态度，专家们又来了。然

后，带着困惑，又心烦意乱地走了。但是这些专家相信，再一次地，我们将会面对的是一篇论文无法发表的结果。而再一次地，他们又错了。但是，我们必须抑制那裹挟着我们的激情。论文写得非常谨慎，尽管采取了这种有所保留的限制性策略，《科学》杂志还是拒绝刊发，理由是那些奇怪的痕迹可能源于泥浆的干燥，甚至可能源于液体的排放。然而，我们早已预料到了这些反对意见，但我们已经证明了这些反对意见，无论是在物理上、机械上或者是化学上都是站不住脚的，它们统统都是徒劳无功的！

但这并不是谁来承认失败的问题，我们必须找到说服怀疑论者的方法，想办法让他们接受那些打破官方教条的从未被人们想象过的东西。幸运的是，我们不是唯一对这一发现感到兴奋和狂热的人。这一发现向我们展示了在非常遥远的时代，地球上出现了意料之外的生物多样性。我们又将这篇论文投给了其他一些知名杂志，尽管这篇由前寒武纪古生物学界和地球化学领域的一些知名人士共同撰写的论文又遭到了退稿，但文章中的本质观点并没有发生改变。为了进一步完善对论文主题的分析，我们采纳了《科学》杂志提出的批评意见中可以接受的部分。2018 年8 月，我们将修改过的论文投给了另外一本主流科学杂志《美国国家科学院院刊》（Proceedings of the National Academy of Science，简称 PNAS）。这一次，论文得到了肯定！它终于发表了，就是刊登在 2019 年 2 月 11 日那一期❶。法国媒体和其他国际媒体都对此进行了报道，CNRS 也在它的报纸上详述了这一新闻。在此处，我们看到了壮观的 3D 重建场景，蜿蜒曲折的管道穿过弗朗斯维尔盆地的黑色页岩，见证了 21 亿年前在还算新鲜的泥浆中生物的移动过程。

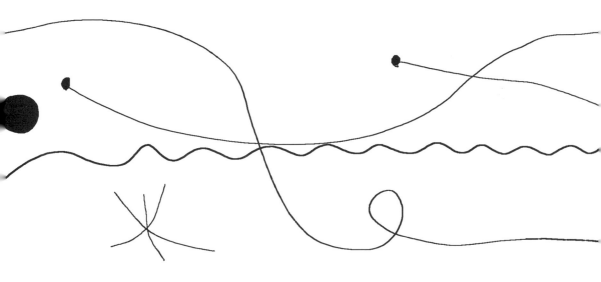

---

❶ 题目为：*Organism motility in an oxygenated shallow-marine environment 2.1 billion years ago.*

正如科学研究中经常发生的情况那样，一项发现引出了一个新的问题：这些确实是生物运动留下的痕迹，但它们是什么生物呢？又是什么运动留下了这些痕迹呢？事实证明，这是一项特别艰巨的任务，因为这些生物没有坚硬的部分，所以非常难以形成化石。除了硫同位素的证据以外，这些生物什么也没有留下。因此，我们必须在现今世界上寻找与它最为相似的东西。巧合的是，变形虫的聚集在海底的泥沙中留下了类似的高黏度的痕迹。变形虫们努力合作只有两个目标：

进食和呼吸

在这种情况下，类微型变形虫们寻找微生物团作为食物，并且一直迷恋于此。这些生物死后，它们昙花一现的躯体结构将会荡然无存。如果机缘巧合，我们能够发现在 21 亿年前弗朗斯维尔盆地的泥浆里，那些类似的生物曾在这里繁衍生息，那就足以说明真核生物，即那些有细胞核的细胞，也就是为了生命变得复杂而迈出第一步的那些生物，在那个时候就已经存在了，而且已经变得非常复杂了。可以预见的是，教条主义的守护者在未来将会再一次举起防御盾牌！

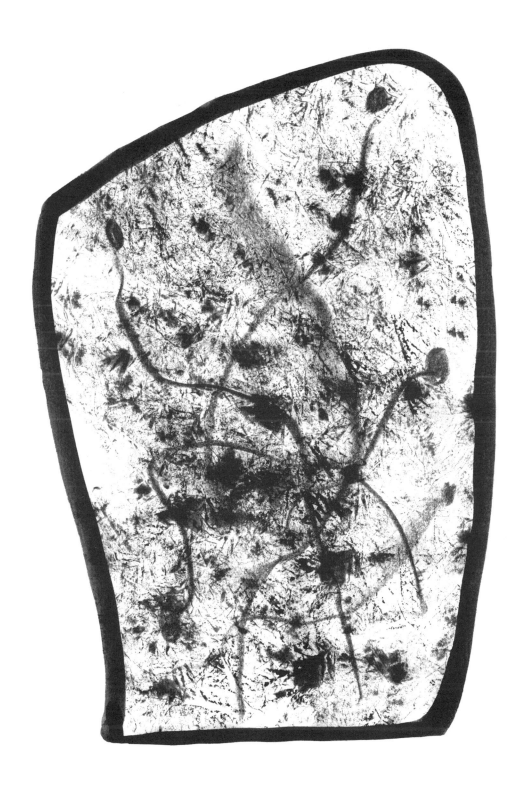

095

06
被认为"很无聊"的十亿年
（距今 18 亿年至距今 8 亿年）

一位教授走进了大学一年级的阶梯教室，教室里鸦雀无声，350 双眼睛都盯着他，观察着这个陌生的家伙。这些学生对他一无所知，不知道他的嗓音，不知道他的语言习惯，当然了，也不知道接下来他要讲什么。阶梯教室是一个超级大型的有机整体，它的集体心理共性会将教室内的呼吸声、人员的噪声以及听众的反应全部反作用于演讲者。这样，即使过去了很多年，演讲者也会对此印象深刻，尤其是当地球科学不是他的"菜"的时候。这位教授开始上课了，反常的是，他的恐惧竟然并非来自这个变化的环境，而是来自他自身：我有足够的说服力让这群"小鬼"信服吗？课程的内容是比较固定的，更新也是非常仔细认真，但关键不在于知识的准确性，而在于如何让听众充分地感受到演讲者对于自己正在从事的事情（即研究和传播）所呈现出的那份深深的热爱。这份工作的本质是非常特殊的：说服他人、转移注意力（一点点而已）以及证明破译地球历史对于任何教育而言都是至关重要的，即使是对那些（为数甚为众多）反对者来说也是如此。一周又一周过去了，课程还在继续，阶梯教室中的学生却稀稀落落了一些，但是也并非只有这些现象，讲课的教授和听课的学生之间开始慢慢地建立起一种默契：会有几个学生举手示意，表示想要问些问题，对于老师而言，这是一种至高无上的幸福，其中一个问道："但是，老师，十亿年怎么会无聊呢？"

为什么十亿年会无聊呢？

弗朗斯维尔盆地的地层沉积序列记录了海洋含氧量下降的起始点，含氧量从 23 亿年前的最大峰值，大约经过了 3 亿年，下降到了原来的 1/10。最低值是在

FD 层测到的，那里富含有机质，水中硫化氢的浓度已经高到足以使水中的黄铁矿沉淀下来。自多细胞生物蓬勃发展的那个时期以来。世界已经发生了巨大的变化，而多细胞生物的化石却恰好是从 FB 层底部挖掘出来的。这到底是一种地区性现象，还是一次全球性动荡呢？一项长时间研究的结果表明，整个地球似乎都受到了氧气含量下降的影响，然后地球就进入地球化学家口中的"无聊的十亿年"之中。

这个奇怪的时期开始于 FD 层形成的 2 亿年之后。那么，在如此漫长的一段时间中究竟发生了什么呢？

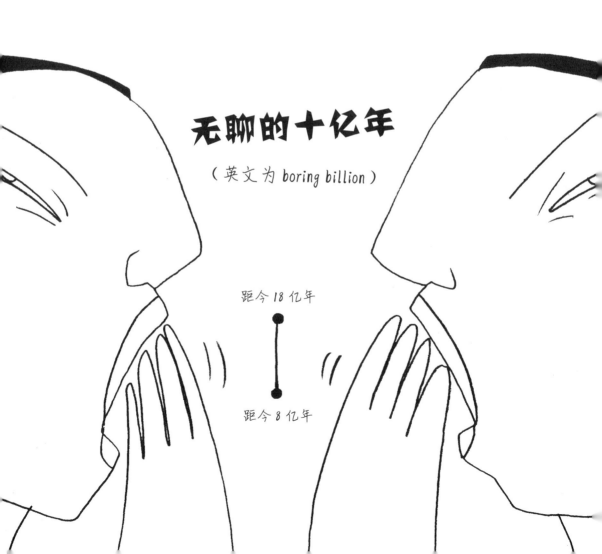

无聊的十亿年

（英文为 boring billion）

距今 18 亿年

距今 8 亿年

（图中文字翻译为：一切都是惰性❶的，这不可能！）

❶ 化学性质极其稳定，不易发生化学反应。

回想一下，我们距离恐龙灭绝只有 6 600 万年。在哪里可以找到问题的答案呢？我们必须离开加蓬，后退一步，根据客观事实的连贯性，在地球历史上进行逆向思维的倒推，这将会引起一场科学革命！

极其无聊，这个词会令人感到惊讶甚至震惊，但是，这就是它的效果。然而，我们现在谈论的是十亿年，这样的描述会让人们认为它是静止的、丧失了一切变化的，而且没有任何有趣之处。这简直不可思议！我们都知道，地球是一个处于不断运动中的星球，地质上的板块构造开始于太古宙时期，从那时开始，地球便开始经历并且一直经历着一些重大突变，这些重大突变的节奏在加快。这是一件数亿年前的事情，而不是数十亿年前的事。那么，最终，为什么说是"无聊"的呢？是因为在古代地质学中有什么单调乏味的东西吗？要知道，这个说法可是由一些地球化学家提出的。于是，有人揣测道，这可能只与岩石的化学性质有关，同时只是那种超人科学家的日常玩意儿罢了。事实上，对于这个说法，那些地球化学家甚至没有感到一丝一毫的罪恶。这个说法是由牛津大学的古生物学家马丁·布拉希尔率先提出来的。

科学家在澳大利亚的伊莎山盆地和麦克阿瑟盆地发现并正式鉴定了第一批真核生物化石。马丁·布拉希尔指出，在距今 17 亿年至距今 15 亿年之间的地层沉积序列上，在这段间隔时间内，沉积海相碳酸盐的碳同位素构成显示出一种根本性的变化，即一种向后的倒退，而生物的活跃度必将大幅度降低。对于这个团队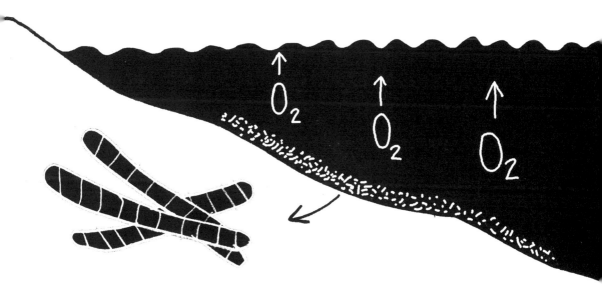[1]而言，我们想要知道他们为什么要探索在这个地球上分布广泛的岩石，而且发明出有效的地球化学工具以准确地判断这是简单的地区性现象还是影响整个行星的全球性改变。

唐纳德·坎菲尔德是这一领域的先驱，他证明了，在这个著名的"无聊的十亿年"里，海洋是分层的，接近海面的一层是含氧的，下面广大的深层海域则完全是大量的硫化物（或者说是静海相的）。这个结论来自一种蓝藻类浮游生物，它们生活在透光区域，通过光合作用来维持这种状态。但一定要记住啊，这种蓝藻类浮游生物会通过新陈代谢释放出一种气态成分，即氧气。虽然氧气含量还处于一个非常低的水平（仅为目前气体分压的1/100），但这一输入足以使大气维持其氧化能力。

---

❶ 指本书作者。

在这个无聊的十亿年里，海洋的表面含氧，而深处却是硫化物饱和状态（硫化水），而在距今25亿年的时候，海洋整体都是含铁而且缺氧的。耶鲁大学的蒂莫西·里昂完美地总结了到目前为止获得的所有数据，并且绘制了一张图表。这张图表展示出在那段时间里，氧气的含量从现在的10%下降到现在的1%。因此，地球便已经没有了回头路，这颗行星无法逃避地沿着自身的命运之旅一路前行，而且不断地跨越一个又一个不可逆转的阶段。

于是，一个看似永恒不变的海洋世界存在了十亿年，即使这只涉及那些深海沉积物所透露出的信息，它仍然足以令人瞠目结舌。我们怎么能够想象，在那段时间里，在一颗显然不是保持一成不变的星球上会出现这样的情况呢？我们可以通过板块的地质构造来进行判断，板块构造曾经两次使已显露出来的陆地互相靠近，直到它们形成一个单一的大陆，首先是努纳—哥伦比亚大陆，接下来是罗迪尼亚大陆，然后仍然还是由于两次分裂，单一大陆分离成新的陆地板块。地壳结构的这些重大变化不可避免地伴随着大量强烈的火山活动和地质的上升隆起，随之而来的就是大片山脉的侵蚀。

因此，一方面是大气和海洋，另一方面是地壳和地幔，它们之间形成了巨大的对比。缺氧使大气和地壳停滞不前，而地球的地热能却像一个发动机一样不断地推着海洋和地幔"前行"。无论如何，事实就是如此。在距今18亿年至距今8亿年之间并没有一个冰期，至少以我们目前的知识水平来看，情况确实如此。尽管环境是有利的，但是却没有大型气候变化与大陆不断运动的共同参与，因为当时的太阳辐射强度仍然比现在低10%。

如何解释这一点呢？

罗迪尼亚大陆是
如何在努纳—哥伦比亚大陆的碎片上形成的?

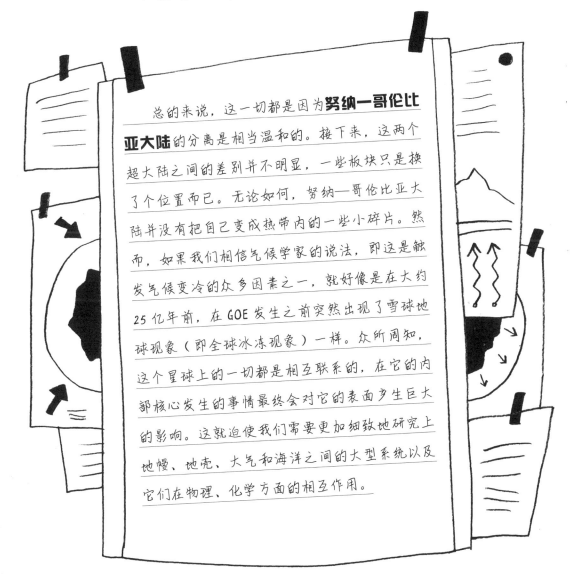

总的来说，这一切都是因为**努纳—哥伦比亚大陆**的分离是相当温和的。接下来，这两个超大陆之间的差别并不明显，一些板块只是换了个位置而已。无论如何，努纳—哥伦比亚大陆并没有把自己变成热带内的一些小碎片。然而，如果我们相信气候学家的说法，即这是触发气候变冷的众多因素之一，就好像是在大约25亿年前，在GOE发生之前突然出现了雪球地球现象（即全球冰冻现象）一样。众所周知，这个星球上的一切都是相互联系的，在它的内部核心发生的事情最终会对它的表面产生巨大的影响。这就迫使我们需要更加细致地研究上地幔、地壳、大气和海洋之间的大型系统以及它们在物理、化学方面的相互作用。

无聊的十亿年中生命的诞生

令人感到惊讶的是，在几乎没有氧气的大气中，生物竟然会难以置信地长寿。对于唐纳德·坎菲尔德和蒂莫西·里昂两人所绘制的伟大图表，我们没有丝毫质疑。最新的数据（2017—2018）建立在从碳酸盐中分馏出来铬的同位素或者碘的含量之上，它显示出在距今14.5亿年至距今11.5亿年之间发生了意义重大的生物变异。这些要素都是氧化反应的显著标志。一些最新的研究是关于中国的很多地层沉积序列的，它们形成于距今16亿年至距今15.5亿年之间，同样清晰地说明了海洋中不断增加的氧化作用所产生的影响。此外，在这些地层中还发现了复杂的多细胞有机体，这改变了我们之前有关无聊的十亿年这个有些模糊不清的观点。但是，很显然，这只是一个开端而已，严谨的地球化学，它的单调乏味是该被修正了。尽管如此，我们已经知道，超大陆的形成和分离影响了营养物质的性质和丰富性，而这些营养物质正是供给活着的生命体的。因此，在距今22亿年至距今18.5亿年之间，地球上主要发生的是岩浆的形成、流动以及凝固活动，主要类型为碱性岩浆活动（玄武岩）和TTG岩石❶（不含正长石的花岗岩），它们向海水中输送了一系列特有的常量元素或者微量元素：

前者输送了钙、镁、铁、钠和磷；

后者输送了铜、镍、硒、锰和砷。

---

❶ 地质学上是指 Trondhjemite 奥长花岗岩、Tonalite 英云闪长岩和 Granodiorite 花岗闪长岩。

所有这些元素都是原核细菌生命增殖所必需的。在距今
18.5 亿年至距今 8 亿年之间，地球的整体变化主要是花岗岩
岩浆的形成、流动以及凝固，这一时期对应的是努纳—哥伦
比亚大陆和罗迪尼亚大陆这两块超大陆的形成。这一次，钾
和磷是最主要的常量元素，而微量元素则主要是锌、钴、钛、
钍、铀、钼和稀土。锌是真核生物生长发育所必需的元素，我们可以理解它们为
什么是在大陆地壳形成之后才出现的，虽然也只是大致上的理解。归根结底，整
个地球的动力形成了化学元素的大循环，而生命只是这个大循环的终极表现而已。
由于天体物理学的进步及其广泛传播，人们经常听到，也会读到：我们只不过是
恒星的尘埃，因为正是在那里形成了构成我们的原子。我们还应该补充一点：我
们也是一颗行星，即地球的子孙后代，期望能够以此来完善这个已经非常普及的
形象化比喻。

所有这些隐藏在岩石里的化合物中，磷元素决定着地球上生物的数量。磷元素存在于所有那些由地幔熔融而成的岩浆中，从最基础的玄武岩到最富含二氧化硅的花岗岩。最近（2018 年 6 月）的一项研究表明，自太古宙时期以来，这些岩石的含量一直在稳步上升，因为它们是错综复杂的地球结构大幅降温所产生的后果。在此基础上，高于海平面的陆地不断发生蚀变，经过雨水的冲刷，岩石溶解，越来越多的成分进入海洋。因此，大陆地壳的形成速率也控制着有机物的生产效率，从而控制着全体生物释放氧气的速率。在全球范围内，我们正在一点点地发现那些微小而精妙的相互作用！那些形成大陆的花岗岩，它们的岩浆活动逐步占据了主导地位，并剥夺了生物的一些微量元素，而这些微量元素却是那些玄武岩所携带的。生活在海洋中的大量微生物受到了其后果的影响，这些影响在无聊的十亿年中是显而易见的。那个时期的浮游生物无法再像过去，即 GOE 期间那样繁殖了。这意味着蓝藻类植物的数量会更少，因此释放到大气中的氧气更少，这是氧气含量衰减到非常低水平的可能原因之一，那时的氧气含量仅仅约为现在的 1%。更糟糕的是，玄武岩中富含的游离钙和游离镁的减少，引起了碳酸盐的大量减少，因为将其稳固在岩石中需要大量的游离钙和游离镁。由此引发的后果便是，二氧化碳滞留在空气中，而不是被安置在岩石中。更少的氧气，更多的二氧化碳，生物需要带上氧气瓶才能在当时的陆地表面生存！此外，还有待于我们理解的是为什么本应该是渐进的、持续的增长遭受了突然的意外变化，GOE 的兄弟事件，即约在 GOE 之后 17 亿年的新元古代时期发生的新元古代大氧化事件 (NOE)，它留下的那些意外的印迹，正是人类研究乌克兰矿床的全部价值所在。

这样描绘出来的画面过于黑暗，以至于生命也无法维持拉玛岗地—瓦图里碳酸盐碳同位素正漂移事件 (Lomagundi–Jatuli)❶ 时期所记录的繁殖增长率。事实上，从无聊的十亿年开端肇始，增长就不那么繁荣且为数众多了。那么，我们是否可以

---

❶ GOE 后，海相碳酸盐岩的碳同位素 δ¹³C 曲线产生了大约 10‰的正漂移。

由此推断这会是一个生物大萧条时期？然而，事实似乎并非如此，更确切地说，现在很多人认为这促使地球上出现了许多新的事物，同时在困境中出现了许多意想不到的解决办法。其中的优胜者便是真核生物，可能这些有机体在 GOE 之前就已经以单细胞生物的形式出现了。类似疑源类那样？这就是加蓬大发现的意义，发现那些 21 亿年前出现的宏观的、多种多样的多细胞生物的意义。目前来说，这些多细胞生物是最古老的，但是每年，在世界各地发现的化石记录在不断地增加着。在最蔚为壮观的大发现之中，2017 年本特森教授团队公布的一项发现尤其令世人瞩目。

这些微小的、直径只有 0.5mm 大小的碎片属于红藻类中的一种，是从距今 16 亿年的白云石中挖掘出来的。在这些碎片中，我们发现了一组保存完好的细胞排列结构，其中，它那极其脆弱的细胞壁竟然可以被完美地识别出来。2018 年，在中国北方的燕山地区，朱士兴和武汉大学团队的同事一起从碳酸盐页岩中提取了另一种类红藻的分米数量级的印迹。在氧气如此缺乏的环境中，这些有机物是怎样生长发育的呢？最终，我们还是弄明白了这些后生动物的起源和最初的多样化通常与低温时期（距今 7.2 亿年至距今 6.35 亿年）海洋上层的新氧化阶段有关。事实上，最近的研究已经通过实验证明了，某些海绵物种（如软海绵目）在氧气水平比现在低 200 倍的情况下仍然可以生存，这种环境条件完全可以和中元古代的条件相媲美了。

今后，不会再有人怀疑多细胞生物的出现是早于官方时间（差不多 6.5 亿年前）公布的埃迪卡拉纪生物了，在这种情况下，真正重要的问题是动物。显然，生物创新在无聊的十亿年期间发挥了作用。这与分子钟理论的预测是相吻合的吗？当生命形式出现分支的时候，生物创新利用的就是突变发生的速度，而突变则是由 DNA 和 RNA 序列产生的。通过对现有生物的测定，我们可以推算到非常遥远的年代，并追溯到不同分支的共同祖先。当然，在地质学家从古代沉积物里面挖掘出来的化石中已经没有这些分子的痕迹了，但是基因多样化的时代为我们提供了一系列的可能。关于多细胞生物，现在看来很有可能是在 GOE 发生以后出现的，而且并没有因为随后出现的氧气含量下降的情况而灭亡。最后，我们发现，如果想要在寻找有机生物方面取得下一步进展，一场横亘古元古代末期和中元古代的探索绝对势在必行。

109

07
令人称奇的乌克兰化石

现在是 2014 年 1 月，在斯特拉斯堡，来自乌克兰的一名环境专业硕士研究生二年级在读的学生正在寻找相关实验室来完成必修的实习工作。她法语很棒，碰巧，她联系了我们当中的一个人，具体来说，这个人就是阿卜杜勒。阿卜杜勒对她提出的实习申请感到非常惊讶，于是向这位学生解释说，他的研究课题与她在上学期间的所学专业相去甚远，然而她却并没有气馁，并且坚信关于加蓬的课题是适合她的，因为对她来说，可以就此学会一项新的技术。我们在普瓦捷接待了她几个月时间，并安排了她的日程，以便于她准备一篇关于 21 亿年前的化石遗迹中黄铁矿化现象的论文。她的工作做得非常好，大家都鼓励她硕士毕业后继续攻读博士学位。但是，要让她研究哪个方向的课题呢？理想情况下，应该在乌克兰找到一个合适的课题，但我们对这个国家的地质方面了解得太少了，我们只知道在乌克兰西南部的某个地方出现了一些新元古代时期的地层。转机发生在 2014 年 3 月，当时维也纳自然历史博物馆正在展出一些加蓬出土的化石，附近的一个展示玻璃柜里陈列的是尼米亚化石❶，那是一种有着奇特生物印迹的圆形模型，正是来自乌克兰的矿层。重建乌克兰曾经繁荣的古环境，或者至少是尝试一下，那将会趣味无穷。这就是博士论文的研究方向了！我们立刻打电话给那个还在普瓦捷的学生，她欣喜异常地接受了这个建议，并充满激情地完成了她的论文，并且进行了一场精彩绝伦的论文答辩。现在到了应该寻求资金赞助的时候了。在

---

❶ 尼米亚（Nemiana）化石是最简单的新元古代晚期埃迪卡拉纪化石之一，也是最难理解的一种。

与法国驻基辅大使馆和第聂伯罗综合理工大学进行了几次交流之后，我们决定共同监管，即由一名当地管理人员和我们其中的一员（阿卜杜勒）共同指导和管理候选人。资金有限，但是也足以支持我们每年在法国工作4个月。这项研究的主题是对乌克兰西南部的波多利亚盆地距今6亿年至距今5.4亿年间地层沉积序列进行矿物学和地球化学方面的破译与解密工作。

当时，这个实验室还接受了另外两名来自东欧国家的学生一起工作，他们是一名拉脱维亚学生和一名俄罗斯学生，他们各自研究不同的课题。这三名学生住在同一个屋子里，相处得很好，对于他们在研究室和走廊里用俄语进行热烈的聊天，我们至今记忆犹新。这个小例子，正是，也应该就是我们生活中的日常了。然后，让我们再回到这个研究项目上来。为什么要冒这个险呢？在加蓬的研究，难道还不够吗？对于这个问题的答案，可以肯定的是，如果要想好好了解加蓬，就必须去乌克兰，因为那里的克拉通和地质构造年代不符，即使这听起来似乎有点儿荒诞。想想看，这两个地方的地质构造，在时间上相隔超过15亿年！然而，进行这项研究的理由却是非常合理的，因为在那两种环境情况下，大气中氧气含量的急剧上升都带来了某种非同寻常、至关重要的生命创新。正是这样，距今23亿年的时候发生了GOE，之后就是NOE，后者发生较晚，距今约5.8亿年至距今5.5亿年。

每一次，生命繁衍大幅度的增值高峰都发生在碳酸盐的碳同位素 $\delta^{13}C/^{12}C$

的比值非常大的条件下；每一次，这种变化都伴随着或将会引起可怕的气候变化，进而导致全球冰冻现象（雪球地球）。这是一个奇怪的类推，长期以来一直困扰着地质学家，它支撑着所有大学正在教授的历史框架，而且最近稳固地形成了一种教条式的说法：首先是 GOE，之后在中元古代期间出现真核生物，然后是 NOE 期间，微生物向多细胞生物进行过渡。如今，加蓬的发现颠覆了这个说法，从现在开始，问题已经变得不一样了：通往多细胞生物的道路是否两次都走了相同的路线？它们是否都发生在相同的环境条件下？这些问题恰好说明了为什么去乌克兰进行研究是非常重要的。

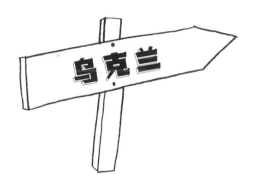

埃迪卡拉纪的地球：新世界

在无聊的十亿年之后，地球变得十分动荡，在过渡过程中，地球状态的变化是十分剧烈的。整个地球，或者说几乎整个地球，都结了冰，而且在 2.5 亿年当中曾多次结冰，就仿佛结冰这件事儿一直都在不断地重复出现一样。某种程度上说，三个主要大冰期的影响加剧了气候的不稳定性。前两个冰期，司图特冰期（距

今7.2亿年至距今6.6亿年期间）和
马林诺冰期（距今6.5亿年至距今6.35亿
年期间），可能是全球性冰冻；而最后一个
冰期，噶斯奇厄斯冰期（距今约5.82亿年）
只是地区性冰冻。有的研究人员甚至提到了一
些其他的冰期，但是那些冰期的冰冻范围更加有
限。让我们再一次读一读吉勒·拉姆斯泰因的书
吧，来了解一下碳循环在触发和退出这些气候突然
变化中的关键性作用。吉勒·拉姆斯泰因还为其取
了一个漂亮的名字"小型天文音乐共振盒"。它结
合了各种影响，包括黄赤交角、分点岁差和绕太
阳运行的轨道离心率。这些冰川比元古宙时
期相应的冰川更近代一些，在岩层中得
到了更好的记录，并揭示了更多的秘
密。秘密之一就是可能产生大量的甲
烷，甲烷从那一时期储存在海床上的笼
状化合物脉石中释放出来。其中，我们注意到，
在一些沉积物中，$^{13}C/^{12}C$ 的比值极低（远远
超过火山气体的值，6.5‰）。甲烷是一种
具有强大温室效应的气体（比二氧化碳强
30倍），它可能是冰川消融的原因之一。
几亿年之后，在石炭纪末期和二叠纪
开端的时候，这种情况更加显而易
见。

埃迪卡拉纪动物群是发现于新元古代末期的多细胞生物群体，这一发现在科学界引起了不小的轰动，它的名字源于构成弗林德斯山脉的山丘，离澳大利亚的阿德莱德不远。

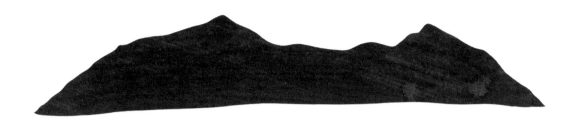

1946 年，澳大利亚地质学家雷吉·斯普里格在南澳大利亚的埃迪卡拉山勘探铅矿的时候，碰巧发现了几块宏观化石，它们隐藏在 6 亿年前的砂岩板中，这次发现完全是一次偶然！在此之前，人们都认为这样的有机体只能在寒武纪（距今 5.41 亿年）才会出现，所以，这个发现是对旧知识的一次彻底的推翻和颠覆。在斯普里格之后，人们在世界上的其他地方也发现了一些这样的有机体，如加拿大的纽芬兰岛、中国的陡山沱组、英国的威尔士地区、俄罗斯的白海以及乌克兰的波多利亚盆地……但那些基本上都是软体动物，不太容易形成化石，只有最后出现的一些动物是贝壳类动物

的雏形。我们认为包裹它们的细菌薄层有助于保存它们的痕迹，从而形成化石。每个矿床都呈现出自身的多样性，并且丰富了距今 6.35 亿年至距今 5.41 亿年之间的全球埃迪卡拉纪生物名册。

到底什么样的环境条件才会有利于这样的生物生长发育呢？在那个时期，海洋里的水都是含氧的，而且已经不仅仅是表层区域含氧。太阳光照进了海洋更深的地方，即使阳光依然很微弱（比现在的太阳光强度还要弱 5%）。但当时的臭氧层已经足以抵御危险的紫外线辐射，月球也已经远离地球，潮汐的振幅也随之缩小，巨大的罗迪尼亚大陆仍然覆盖着北半球的一部分。大约 7.2 亿年前，罗迪尼亚超大陆开始分裂成几个碎块，更确切地说，是分散在了热带区域内，每一个碎片都在地球上不断漂移，如果它们在此之前还没有相遇过的话，这便不可避免地导致了它们会在地球的另一端相遇。大多数碎片发生了碰撞，并且开始形成一个新的超大陆的基础，即潘诺西亚大陆（冈瓦纳古陆）。

让我们回到 5.8 亿年前，乌克兰与波罗地大陆地区连接，依然位于这片巨大陆地的远东部分。地核和地幔之间复杂的相互作用为这种奇妙的融合提供了必需的能量，这些相互作用产生了巨大的内部带。这些内部带比周围的环境温度更高，本身的密度却较小，因而会上升到地表，于是在地表变成了那些所谓的超级地幔柱。名如其物，这些超级地幔柱诱发了巨大的火山喷发，然后，巨大的火山喷发又促进了大片的玄武岩区域形成。这些相互作用也是地质上断陷谷形成的原因，断陷谷逐渐扩大便形成了海洋。那时候，整个地球的地理已经完全混乱了：罗迪尼亚大陆不复存在，新的沉积盆地开始形成，并逐渐被填满，在波罗地大陆克拉通南部的某个地方，沙子和黏土开始沉积，后来那里变成了波多利亚盆地中的一块台地。

乌克兰惊人的地层沉积序列

清晨离开了基辅，现在是 2017 年 6 月，这已经是我们第三次奔赴现场了。临行前夕，法国大使馆实行了一些新政策，这让我们几乎没有时间准备并检查物品。但我们不能忘记任何事，最终，我们驱车前往摩尔多瓦。在一望无际的原野上，这条路显得非常漫长。我们很快就会到达第聂伯河谷，那里的风景应该是非常雄伟壮丽的。游客们可能会对那里的景色感到赏心悦目，但是地质学家却要深深地吸一口气了，他们看到的会是一个完全水平的地层沉积序列，从底部的埃迪卡拉纪沉积序列（距今 5.6 亿年）到顶部的志留纪沉积序列（距今 4.4 亿年），中间是一大段的寒武纪沉积序列。简而言之，一瞥之间，就可以将 1.2 亿年的光阴尽收眼底！实在是令人瞠目结舌啊！从远古时代到今天，似乎没有任何东西干扰到波多利亚盆地的稳定性。团队立即开始投入工作，每一天都很重要，即使是雨天我们也不能中断工作……然而，真的下雨了！任务是早已经分配好了的，每个人都非常明确自己应该做些什么。

117

首先，我们应该绘制出剖面图，也就是要根据叠加的顺序识别不同的地层，这些是预先准备工作。从根本上说，这个剖面图将会决定我们如何进行取样。在加蓬，在几米的距离内抽取 2—3 个样本，对于我们来说就足够了……但在这里，在这些 20—30cm 厚的淡粉色或暗绿色的地层上，每隔 5cm 就需要采集一个样本。事实上，一个小的想法一直盘桓在我的脑子里：如果我们利用膨润土来取样效果如何呢？就像我们在弗朗斯维尔盆地 FB 层想出的那个办法一样。

第聂伯河谷一直在削切沉积的台地，直到台地变成原来的石基。这块石基是一块宏伟壮观的花岗岩，保存得十分完好，其生成年代可以追溯到中元古代。这与加蓬的第一个不同之处在于加蓬弗朗斯维尔盆地的地层沉积序列基于同一类型的岩石之上，尽管要古老得多，但它与沉积物的界面被盆地深处的循环流体严重破坏了，关于这一点，我们当时并没有观察到。这是为什么呢？这是另外一个谜团，在不久的将来，我们应该可以解开它。但是现在，我们的主要目标是研究埃迪卡拉纪留下的一系列沉积物。在这里，在波多利亚盆地的台地上，砾岩、砂岩和沙质页岩层层排列，厚度大约是 60m。它们成了卵石、沙子和含沙泥浆海岸的遗迹，同时也标识出在三角洲河流环境中海平面的波动情况。一些化石地层位于沉积序列的底部，其最上层部分突然变成一层细小的砂岩，砂岩中含有绿色的细小颗粒——海绿石。海绿石是由一些富含铁物质的黏土与微小的有机物质碎片接触之后，沉淀到含氧的海洋环境中形成的。还有其他地层覆盖在化石地层上面，它们也是水平的，但是里面隐藏着无数贝壳类动物的遗迹。毫无疑问，这些地层不是同一时期的产物。我们已经离开了新元古代，进入了寒武纪时代，摆在我们面前的是从原始到现代的突然过渡。在所有的大学中，关于地球历史的课程都要着重强调寒武纪时期，即始于距今 5.41 亿年的那个时期。每位教授都在谈论着达尔文之惑，达尔文本人也不明白为什么从寒武纪时期开始就能找到如此复杂的生物，而在更古老一些的土地上，却什么都没有。因此，进化论的反对者们会把达尔文之惑当作他们最爱谈论的话题。但是，从这次考察开始，我们就知道那些反对者错了，因为有很多化石都可以证明宏观生物的存在，它们和之后出现的生物化石相比不是那么健全，之所以我们以前不知道它们，只是因为它们更加罕见稀有而已。事实上，由于这些生物没有外壳或者坚硬的部分，因此只有在极其有利的情况下才能够得以保存。这是科学面临的众多大难题之一，但没有找到证据，并不意味着没有证据。不能因为我们还没有发现它，就得出它不存在的结论。我们应该保持谦逊并且永远怀有求知的渴望。

第聂伯河谷正是那些受到上天眷顾的遗址之一，寒武纪之前发生的事情在这里都被镌刻了下来，这是何等的宏伟壮丽啊！但是，我们又怎么能够如此确信无疑呢？到目前为止，只有推定时间为距今 5.52 亿年至距今 5.54 亿年之间的地层年代作为参考，而对于所要分析的地层，我们还不知道它们确切的地层学位置，甚至不知道应该使用什么技术进行测量。这可真令人沮丧，而且还有点儿危险，这样不确定的因素绝对要被消除。正是这里，这一层薄薄的淡粉色的地层将变得重要无比。这一薄薄的地层嵌在砂岩地层之间，那些砂岩地层又覆盖在花岗岩之上。与四周其他的沉积物地层相比，为什么这个薄地层的外观如此与众不同呢？它又是怎样形成的呢？我们回到了法国，对提取的样本进行分类，并准备好了那些必须立即送到实验室进行仔细分析的样品。当然，那个淡粉色地层的样本被选中了。第一批的检测结果出来了：它的矿物学组成成分与周围其他岩石的成分截然不同，淡粉色地层的样本黏土含量更高。另外，实际上，它只包含一个物种，而它上面和下面的沉积物中则包含多个物种。这些是伊利石—蒙皂石的规则混层，就像我们在加蓬所发现的那样，但是这与河流裹挟并倾泻到海岸上的混合物却没有任何关系。毫无疑问，这个地层呈现出了膨润土的全部特征，也就是说，这是一种火山灰的堆积。火山喷发把这些玻璃熔浆状的碎屑投射到大气中，一些碎屑又重新掉落到海水中、潟湖❶中甚至湖泊中，非常迅速地与水发生反应，从而变成含有纯净蒙皂石的大块黏土。这样，它们在许多领域都产生了巨大的经济价值，从钻探技术到化妆品制造，甚至是药物研发。接下来，在沉积之后，又发生了掩埋。掩埋的时候，还引起了很长一段时间的温度升高，逐渐改变了蒙皂石的组成成分，它朝着伊利石的方向发展变化。伊利石是最接近蒙皂石的矿物种类，但却不会像蒙皂石那样膨胀。

因此，一开始，一切都来源于火山口猛烈喷发所喷射出来的岩浆。但是对地质学家而言，它们为什么如此值得关注呢？在当时的海上，存在着众多被毁坏的碎片，其中有一些含有微小的锆石晶体，而这些碎片正是我们要寻找的。因为这些碎片含有一点点的铀，在一定的时间内，铀的放射性会使其不可避免地衰变为铅。如此说来，找到了铀这种元素，就相当于在晶体组织中找到了一个工作的时钟，而且目前的分析技术已经很精确了，即便是在晶体体积非常微小的情况下，我们也能清楚地获得数据。

---

❶ 潟湖，被沙嘴、沙坝或珊瑚分割而与外海相分离的局部海水水域。

我们必须将这些晶体从黏土中提取出来，在这些晶体中，最大的直径也不超过 50 μm。然后，在显微镜下，我们要将这些晶体逐个进行分类，以便于采用两种不同的分析方法。一种分析方法基于激光剥蚀（探针）电感耦合等离子体质谱（LA–ICP–MS）[1]，另一种分析方法基于化学剥蚀，同时结合质谱法 [2]，但是这一次却是在进行高精度化学剥蚀—同位素稀释—热电离质谱（CA–ID–TIMS）实验测定之后。这些名字可能会吓到大家，但是，了解我们今天在研究地球科学中使用了什么方法是非常有意义的。测量装置技术上的巨大进步会让数据的获取成为可能。然而仅仅在 20 年前，对于这种可能，我们甚至连想都不敢想。如今，成为一名优秀的博物学家，需要具备良好的物理学基础，这让一部分学生非常苦恼，但却没有任何人能够逃避这个问题。无论如何，在普瓦捷，是没有这些技术设备

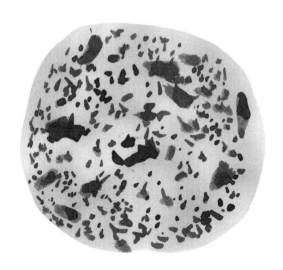

---

❶ 主要由两台机器一起组成，LA 指的是激光设备，ICP–MS 指的是成分分子仪器。应用非常广泛，最重要的应用就是锆石 U–Pb 同位素测年。

❷ 质谱是一种测量离子荷质比（电荷—质量比）的分析方法，可用来分析同位素成分、有机物构造以及元素成分等。

的。我们拜托了两位同事来帮助我们完成这些研究工作，其中一位在克莱蒙费朗地球物理观测站的岩浆火山实验室工作，另一位则在日内瓦的地球科学部门工作。最后，将研究结果进行收敛，确定了我们所获得的年代信息：距今 5.5678 亿年，前后浮动 0.18 亿年，仅仅是在埃迪卡拉纪结束之前的 1500 万年。

简直妙不可言！

确切地说，在那时的乌克兰，一个古老的世界正在消失。同时，一个崭新的世界正在出现，这便导致了著名的寒武纪生命大爆发！

尼米亚似海葵化石和其他小动物化石

　　在波多利亚盆地中掩埋的那些埃迪卡拉纪的著名代表性化石究竟是什么呢？最奇怪、最令人惊讶，同时也最为普遍的是尼米亚似海葵化石(*Nemiana simplex*，命名者 Palij)。典型的尼米亚似海葵化石外观呈圆盘状，直径为几厘米，有时可能还会更小一些，有着完美的圆形凸起，并不像我们预期猜测的那样位于砂岩层的上表面，正相反，它位于砂岩层的下表面。

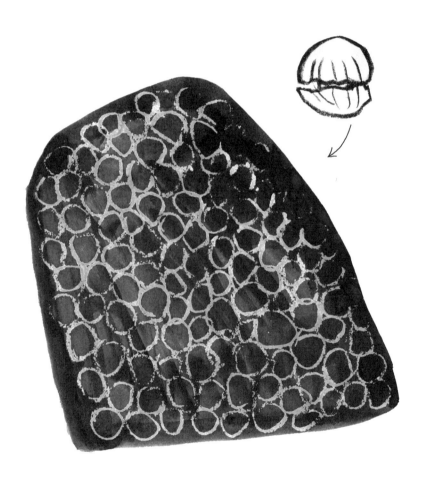

因此，神秘的生物有机体消失之后留下了空洞，这些化石就是那些空洞的模型，而那些神秘的生物有机体曾经在海底繁衍生息。在这些化石中，空洞分布得如此规律，以至于我们甚至无法想象它们来自一种单一的物理现象，这种物理现象会使一些仍然疏松的沉积物改变形状。毋庸置疑，这种物理现象需要生物有机体的介入。但是这种生物有机体到底是什么呢？根本没有对应的现代物种可供我们参考，也没有任何东西可以用来与其进行比较。

对于其他的神秘生物来说，情况也是如此，如下图的 *Protodipleurosoma wardi*(命名者 Sprigg) 或者 *Gritcenia nana*(命名者 Menasova)❶。

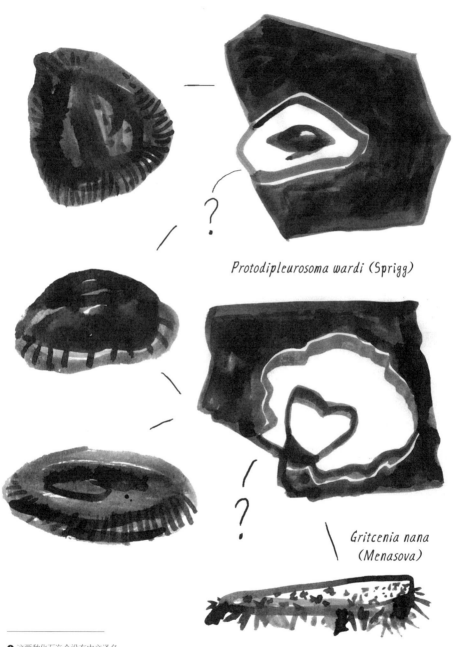

Protodipleurosoma wardi (Sprigg)

Gritcenia nana
(Menasova)

---

❶ 这两种化石迄今没有中文译名。

126

这些神秘的生物是海绵、水母的远亲吗？或者更确切地说，它们应该属于那些永远消失的物种吗？专门研究这一时期的古生物学家，即使他们已经相当有经验了，对这么繁多的生物群分类还远远没有达成一致，他们有时提出的建议仍然是高度投机性的。必须指出的一点是，在后来变成砂岩的沙子中保存的那些单一的模型，几乎没有任何解剖学细节，因此需要继续开采。

无论如何，正是这些宏观生物，证明了组织细胞具有共同结构。宏观生物已经呈现出足够的多样性，我们借此可以重建整个世界，尽管只是粗略地重建。人们认为全靠微生物，那时候的整个世界才能够维持繁衍生息。实际上，在宏观生物的生活环境中，存在许多细菌薄膜的痕迹。这一点与我们在加蓬发现的东西有共同之处，而那些东西在很久之前就已经存在了……

　　在这些化石旁边，人们也发现了一些痕迹，它们保留在岩石表面。这些痕迹很难用基础物理现象来解释，比如地质干化作用，干化作用形成了地质断层的几何网络；或者排液作用，沉积物通过释放出液体使自身变得夯实；或者是在腐烂区域顶部形成甲烷气泡。更进一步来看，这些痕迹会让人想起某种擅长蠕动的生物所遗留下来的运动轨迹。这是一个重大的结果推论！我们能确定如此发达的生物在很久以前就已经存在了吗？这个谜团仍然存在于乌克兰这个小小的世界里，但是在世界上其他新元古代矿床的案例中，这个谜题已经得到了解决。现在，我们已经可以确定金伯拉虫的活动痕迹。金伯拉虫是一种生活在埃迪卡拉纪的无壳软体动物，当它在细菌毯上蠕动时，会留下痕迹。人们在加拿大的纽芬兰和中国南部的灯影组也发现了这种情况，同样不知道该如何进行解释。这是一个困难的

问题，因为一个痕迹，即使我们确信它是由一个生物留下的，但是这个生物却几乎不会留下确凿的证据来证明它们曾经存在过。因此，对于一些古生物学家来说，这些痕迹证明了一种具有双边对称性动物的存在。然而对于另一些古生物学家来说，这些痕迹却是由巨大的单细胞生物移动所形成的，这些单细胞生物像珍珠一样大，可以非常缓慢地移动。

乌克兰告诉了我们什么？

吸引地质学家的首先是这些脆弱而不稳定的遗迹居然能够惊人地保存下来。要做到这一点，俄罗斯的这块台地必须在5亿多年的时间里完全保持稳定，而这块台地形成于两块克拉通（波罗地大陆和西伯利亚大陆）的连接处。那些同样古老的沉积物，比如新元古代、寒武纪、奥陶纪和志留纪的沉积物，它们以一种近似于矿床的沉积状态延续着。地质上的成岩作用，以及随之而来的土壤板结和矿物反应，最终使它们几乎保持原状，没有发生变形。在离乌拉尔大陆碰撞带较远的地方，它们并没有发生地质变质作用，也没有发生随之而来的地质褶皱作用。能够观察到这种极其有利于化石形成的环境，几乎是一个奇迹。毫不夸张地说，它为我们开启了一扇通向第聂伯河的时间之窗，有一些人非常渴望研究地球历史上这个充满着未知的时期，对他们来说，这时候，生命突然进入到现代状态。这里记载的短短的1500万年告诉我们，在寒武纪生物多样性大爆发之前，一个繁荣兴旺的生物世界突然消失了。这是一场生物灭绝吗？

这样的动荡又怎么会发生呢？

这个时期，大气中的氧气含量在持续增加，然后进入严酷的冰期，加蓬和乌克兰的情况竟然离奇地相似！然而，只要我们再深入研究一点点，一个重大的不同便会映入眼帘。如果说弗朗斯维尔盆地的化石标志着从一个只有微生物的世界向一个多细胞生物世界的转变，那么，还要考虑现在我们已知的无聊的十亿年，以及乌克兰化石只能代表的生物多样性。在埃迪卡拉纪之前的数亿年间，生命已经以红藻的形式存在着。我们无法排除的事实是，自 GOE 以来，它们从未完全消失，在氧气水平骤降的时期，它们也存活下来了。大家也不要忘记坎菲尔德提出的分层海洋理论，在海洋深处是静海相的情况下，上层海洋仍然含有氧气，地球并没有重新回到太古宙时代的样子。基于这样的事实，上述令人不安的类似情况并不能被视为历史的重演，地球永远不会回到过去的状态。另一方面，在这两种情况下，毫无疑问，生物进化中的发明、生物多样化和新物种的出现都得到了激发和促进。为了更进一步进行研究，我们需要再研究一下达尔文进化论教给我们的东西，并且尽力分门别类地总结出造成渐进式进化的原因以及导致物种灭绝的生态灾难的形成条件。

08
危机与灭绝

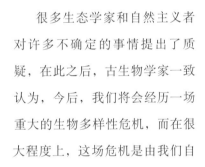

注意！
正在进行中的工作！

很多生态学家和自然主义者对许多不确定的事情提出了质疑，在此之后，古生物学家一致认为，今后，我们将会经历一场重大的生物多样性危机，而在很大程度上，这场危机是由我们自己引发和促成的。大家仍在激烈地讨论着一些细节，其中，讨论最多的话题之一便是生物世界里物种的总数量。如今，我们的星球上到底存在着多少物种？这个数字，据估计是在 500 万到 1 000 万之间波动着，物种名录也在有规律地丰富着（也相应地减少着）。1929 年，倭黑猩猩（学名 *Pan paniscus*）这一物种首次被世人确认。88 年之后，也就是在 2017 年，人们又发现了另外一种人科猩猩属俱乐部的成员，达班努里猩猩（学名 *Pongo tapanuliensis*），这非常令人震惊。达班努里猩猩是猩猩属的第三个种，猩猩属是由法国博物学家伯纳德·杰曼·德·拉塞佩德于 1799 年定义的属名。在苏门答腊岛 ❶ 的西北部一个面积有限的台地上，人们发

---

❶ 位于印度尼西亚。

133

现了达班努里猩猩，并将其补充到猩猩属，该属的另外两个成员是苏门答腊猩猩（学名 *Pongo abelii*）和婆罗洲猩猩（学名 *Pongo pygmaeus*）。发现新物种的兴奋被我们对于生物世界的无知冲淡了，这个例子很好地诠释了这一点。这是一个活着的物种啊！想象一下，关于生命的全部历史，关于在过去的 40 亿年中，在一系列无法确定的已经消亡的世界里，还有什么需要我们了解的。这一切令人沮丧，也令人兴奋！

　　已经消亡的、正值濒危的和前景堪忧的物种名单没有太多争议，相关预测也比较谨慎。对于这些物种而言，我们已经有了很多的了解，向名单中补充得越多，我们发现的也就越多。让我们进行一下快速而概括性的总结：首先，在一段微不足道的时间里，由于我们自身的苛求（主要是食物，但不仅限于此）——

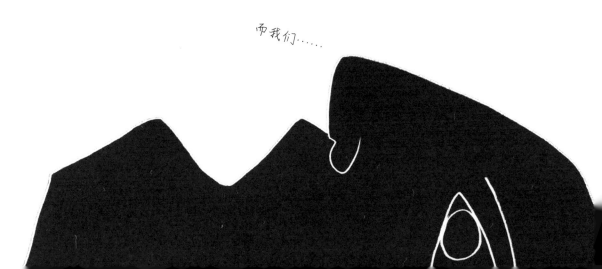

83% 的野生哺乳动物

因为我们而灭绝

（仅仅在过去 50 年中，就有大约 50% 的动物消失了），

而我们……

......而我们却用驯养的方式剥夺了野生动物的自由，此后，60%的哺乳动物成为家庭养殖成员。

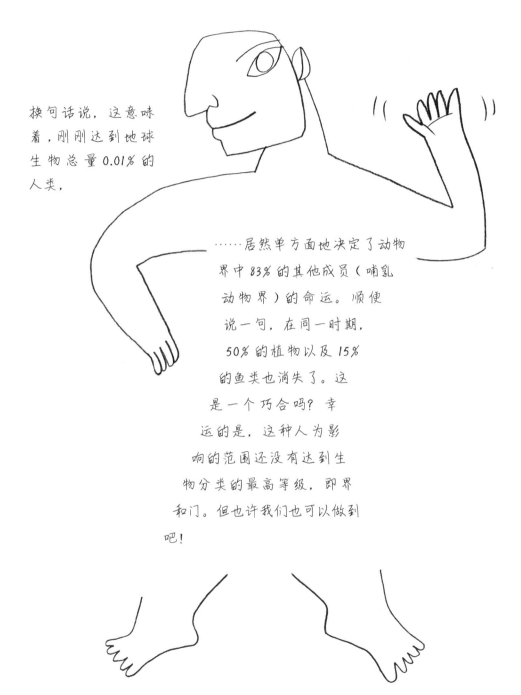

换句话说，这意味着，刚刚达到地球生物总量0.01%的人类，

......居然单方面地决定了动物界中83%的其他成员（哺乳动物界）的命运。顺便说一句，在同一时期，50%的植物以及15%的鱼类也消失了。这是一个巧合吗？幸运的是，这种人为影响的范围还没有达到生物分类的最高等级，即界和门。但也许我们也可以做到吧！

今天，1/3 的哺乳动物是人类，只有 4% 是野生动物。我们在农场养殖家禽的数量占到鸟类总量的 70%，这些家禽作为晚餐当然是极好的，然而，对进化所必需的多样性而言，却是非常可怕的。因此，如果我们想发送一张代表地球生物量的图片给另一个星球上的居民，除了仅占 13% 的细菌，图片上还应该显示出植物的数量，因为植物的数量占所有生物量的 82%，此外，还要包括人类以及几头牛和三两只鸡（后三者与昆虫、真菌类以及鱼类等一同代表了地球生物量的剩余 5%）。经过 40 亿年的进化，地球这颗行星貌似不太复杂啊！事实上，正是我们人类简化了它！

无论是直接的还是间接的，在过去几十年中，人类对生物多样性的影响已经达到了顶峰，这不是最近才发生的事。我们最古老的祖先早已与食肉动物展开了竞争，结果，食肉动物的类型减少了 2/3。但情况不仅仅是这样，在过去的 300 万年间，在非洲进化的 12 种大象中，现在仅仅剩下了 2 种。造成这种情况的原因包括气候和环境的变化、物种之间的竞争以及其他各种因素，当然，也包括人类捕食的因素在内。在过去的 30 万年中，23% 的龟类都已经灭绝了，而在过去的 10 万年中，至少有 140 种哺乳动物灭绝了。在史前时期，人类对太平洋岛屿的占领，导致了至少 1 000 种鸟类的灭绝，大约占鸟类种数的 10%。在过去的 5 个世纪中，至少有 363 种脊椎动物灭亡了，而这还远远没有结束。在过去的 100 年里，脊椎动物的物种平均灭绝速度是预期自然削减速度的 114 倍。最近的模型就预测了这种形势变迁，截至 21 世纪末，269 种鸟类和 350 种哺乳动物将会从地球生物多样性的雷达探测显示中彻底消失。

也许，我们最好就此打住。

对这一灾难性的结果，我们感到惊讶万分，甚至震惊不已。然而，警钟不是昨天刚刚敲响的，我们早已忘记了几个世纪以来一直在警告我们的那些人。谁还记得让－巴蒂斯特·德·拉马克，谁还记得他在 1820 年写了什么东西？他揭露了我们人类贪婪行为的罪恶，他早就在谴责我们了！他现在会怎么想呢？我们怎样才能更好地表达他当时所写的内容呢？

"人类，为了自身利益的自私行为是目光短浅、缺乏远见的，他们喜欢将任何事物都置于自己的掌控之下。一言以蔽之，人类对未来及其同类漠不关心，而且似乎正在竭尽全力地摧毁他们的生存条件，甚至最终毁灭人类自己。为了满足自己当下对物质的贪欲，人类到处摧毁保护土壤的大型植物，这很快就导致了土壤贫瘠，造成了资源的枯竭，使生活在那里的动物不得不离开它们的家园。无论从哪一个方面来看，之前地球上大部分土地都曾是非常肥沃和人口稠密的地方，现在已经荒无人烟。人类总是无视经验教训，放任自己的情绪和欲望，永无休止地与同胞们开战，并以各种借口从各个方面消除异己，以至于曾经相当可观的种群数量已经变得越来越少。人类似乎注定要将地球变得无法居住之后，再灭绝人类自己。"

人类世

　　在此，我们不仅讨论了当前生物多样性的汇编以及登记造册等问题，同时也以一种生动形象的方式讨论了造成其消亡，我们人类所应承担的责任。自人类出现开始，人类活动所产生的影响便毋庸置疑。有一个国际地质学家委员会，它多年来一直在考虑是否应该在国际地质年代表中引入一个新的年代序列，以衔接更新世和现如今的全新世（开始于 11 700 年前，即上一个冰期结束的时候）。该委员会提议的名称是"人类世"，这可能是新生代的一个新阶段。那些观念纯粹、态度强硬的地质学家眉头紧蹙，而地层学家却没有那么忧心忡忡。困难不在于真正去认识，或者说也已经不再是承认人类对生态系统和生物圈的影响，因为这一点早已经毫无疑问了，困难在于建立科学的方法以便于确定地球上的某一历史时期在地质学上可以被测量出来（在全球范围内可测量，否则的话，我们谈论的就是一种区域性的现象）。争论相当激烈，选择多样且混杂，人们的关注点也非常之多：大约 1 万年前，农业文明出现并快速发展以后，大气中二氧化碳的增加留下了零星痕迹；征服新大陆的结果，特别是 1610 年左右，南极洲钻探过程中所记录到的二氧化碳的锐减；在欧洲工业革命早期，以及从 19 世纪末期开始，通过测量海洋酸化对用于形成海洋无脊椎动物贝壳的文石沉淀的影响发现海洋酸化率上升；20 世纪 60 年代核试验过后，在环境中检测到的放射性核素含量，尤其是钚的含量……

　　尽管我们能够轻易地辨认出近几个世纪以来一系列影响环境的人为因素，但是我们却很难确定，究竟是其中的哪一个留下了不可磨灭的痕迹，使得未来全球的地层学家能够毫不含糊地准确识别出这是一个"同期中断"，并将其作为全球层面的一个标志项。举例来说，我们可以确定过去两千年来气候变化的异常频率和相对影响，但是，这又再次引出了一个新问题，如果不单单考虑对环境和生物的影响，人类活动对地质方面的影响究竟是什么呢？目前，仍然争论不休。为了形成一个有据可查、有理可循的观点，我们非常有必要关注一下，自有生命诞生以来，地球上所发生的危机史。

现在和过去的危机

关键不在于保持乐观的态度（我们能保持乐观吗？），而在于持有客观的态度。现在尝试一下把当前令人担忧的局面变得相对缓和一些，大家拿起"望远镜"进行一个回顾，好好地看看过去，就从最近的地质年代开始吧。例子不胜枚举，谁还没有听说过澳大利亚的大堡礁白化事件呢？

那是世界上最大的珊瑚礁，由于目前全球气候变暖，它变白了，它仿佛是一张 pH 试纸，通过测试，揭示出地球的健康状况。在过去的 3 万年里，地球的结构发生了明显变化，但是并没有变得更好。全球海平面大幅度下降，这已是不争的事实，大约在 2 万年前，在上一个大型冰期期间，海平面下降了 100m 以上，而仅仅就在 2 000 年之间，大堡礁已经通过向外海迁移流动来减少暴露在水面上所造成的不可逆转的损害。为了让大家具体地认识一下当时海平面下降的影响，我们来做一个假设：如果我们只依靠步行从杜夫尔 ❶ 去往加来 ❷，因为英吉利海峡之前是一个长满野草的平原，猛犸象曾在上面自由奔跑。接下来气温上升，我们现在称之为珊瑚海的海水不断地对大陆架进行侵蚀，它们二者的共同作用导致大堡礁的迁移方向发生

---

❶ 法国东部一个市镇。
❷ 法国北部港口城市，与英国隔海相望。

了逆转，在随后的1万年中，在更新世即将结束之时，这种影响愈加明显了。但在那个时期，这也不足为奇，当天气变冷的时候（结冰期），海平面下降（大量的水以冰川的形式被禁锢在极地地区），大陆架摊开。远离岸边的外海海洋深度急剧增加，结果便是所有的生命形式，尤其是与海底接触的底栖生物，都在尽最大的可能来适应这种变化，否则就会灭绝。当天气变暖的时候（间冰期），情况正好相反，这就是上一个大型冰期之后所出现的情况，冰川部分融化，导致出现海平面上升（海侵❶）以及海水对大陆区侵进的地质现象。第二种情况类似于现如今的状况，底栖生物，即那些被我们称为"生产者"的生物，从这种现象中受益良多，因为它们可以极大地扩展自己的生活范围，形成大面积的浅海（陆缘海❷），而该区域之前是属于陆地的。然而，澳大利亚珊瑚礁的生长，既不是连续的也不是均匀的，其间至少有五个阶段性停顿，主要是由于大范围的灭绝，随后便是一系列生态系统适应性形成的正常化步骤，每一次都会再生，但在位置、体积和形状上总会存在些许不同。

---

❶ 海侵，又称海进，指在相对短的地史时期内，因海面上升或陆地下降，造成海水对大陆区侵进的地质现象。
❷ 陆缘海，指位于大陆边缘，以半岛、岛屿或岛弧与大洋分隔，仅以海峡或水道与大洋相连的海域。

时间来到 1 万年前的全新世初期，重大的危机突如其来，当时大量的大陆沉积物几乎淹没了大堡礁。然而，这一次多亏了适应性迁移以及 1.5m/ 年的横向生长速度，珊瑚礁的生命恢复力又占了上风，并再次取得了胜利。随着海平面的上升，它又以 20m/ 千年的速度向海岸延伸，之后，又出现了更多的适应事件。

　　当澳大利亚的大堡礁正努力适应珊瑚海的海平面升降变化之时，在一个较小的范围内，北美洲和欧亚大陆北部的一部分巨型哺乳动物群却消失了，而且整体数量相当之大。其主要原因是北半球的普遍降温（但是，关于 1.3 万年前，一个直径约为 1.5km 的小行星撞击格陵兰岛的假设，有人至今仍然深信不疑）。无论怎样，种种后果与目前北极熊的境遇类似，这是一个悲剧的象征，大堡礁成了一个因全球气候变暖而逐渐消亡的世界，这看起来非常具有嘲讽意味。

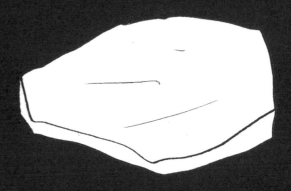

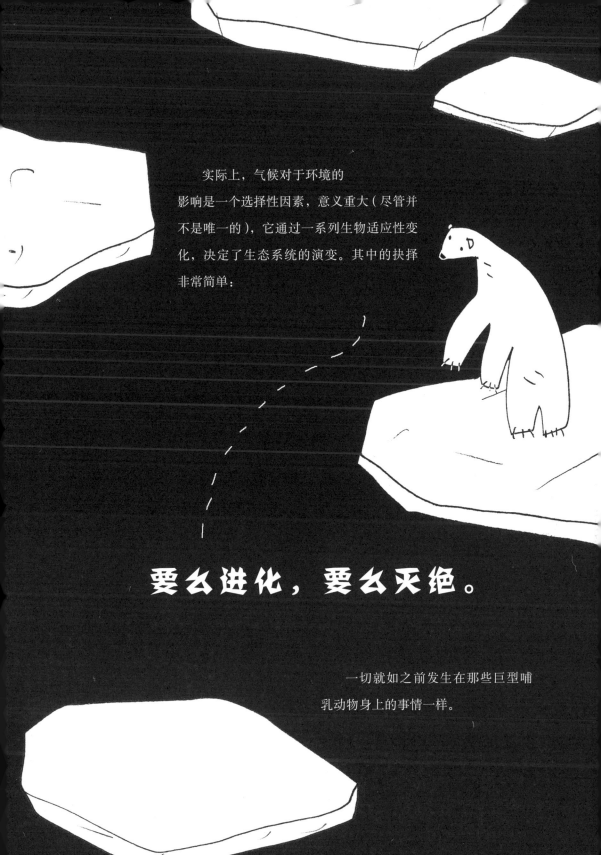

实际上，气候对于环境的影响是一个选择性因素，意义重大（尽管并不是唯一的），它通过一系列生物适应性变化，决定了生态系统的演变。其中的抉择非常简单：

要么进化，要么灭绝。

一切就如之前发生在那些巨型哺乳动物身上的事情一样。

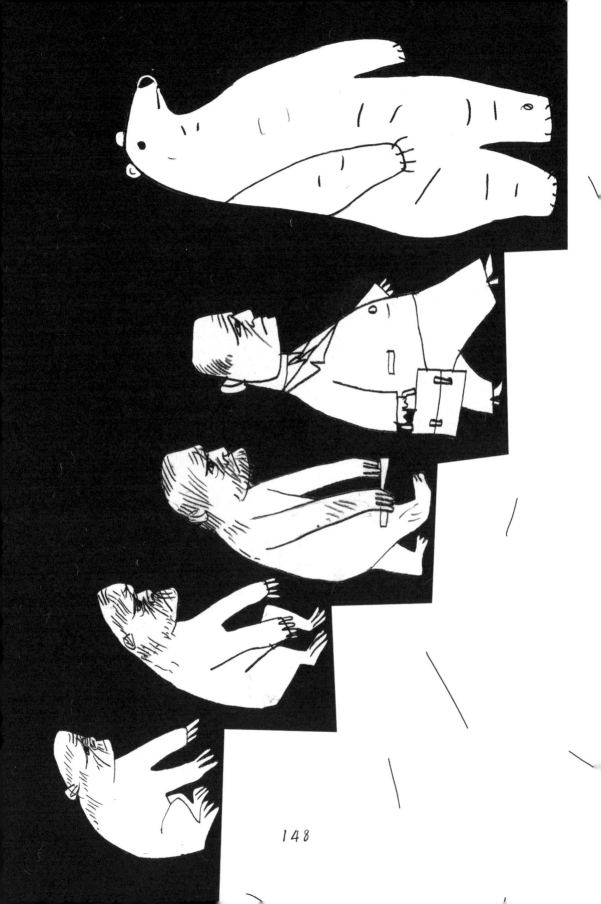

148

《白鲸记》❶里面那头叫作莫比·迪克的白色抹香鲸，至今仍是一个基因方面的未解之谜。抹香鲸是巨枪乌贼的猎食者，现如今，在海洋中很常见（大约有 36 万头），它们在海洋中相遇并结合。但是，在基因多样性方面，抹香鲸却呈现出令人惊讶的单一化。这意味着，在最近的进化史中，除了 19 世纪的捕鲸产业之外，还存在着某个事件或者某个特定的因素，极大地减少了抹香鲸的数量（或者说物种的丰富度），从而造成了种群数目的瓶颈。对它们的线粒体 DNA 进行的分析表明，现存的抹香鲸全都来自一个残余种群的扩张，该种群整体数量不足 1 万头，它们是在一场海洋冰冻过去之后的 10 万年间才进化而来的。这种变化限制了它们的生存环境，在很长一段时间内，它们都只能生存在太平洋中。这一次仍然如此，气候成为物种选择的影响因素，然而就目前而言，气候变暖似乎更有利于鲸类的繁殖，前提是它们能够获得充足的食物，因为新的环境条件不一定有利于那些猎物的繁衍生息。

---

❶ 19 世纪美国小说家赫尔曼·梅尔维尔于 1851 年发表的一篇海洋题材的长篇小说。小说描写了捕鲸船"裴廊德"号船长，在一次捕鲸过程中，被聪明的白鲸莫比·迪克咬掉了一条腿，因此他满怀复仇之念，一心想追捕这条白鲸，甚至失去了理性，变成一个独断专行的偏执狂。他的船几乎兜遍了全世界，终于与白鲸莫比·迪克再次遭遇。经过三天追踪，他用鱼叉刺中白鲸，但船被白鲸撞破，全船人落海，只有一名水手获救。此书后被改编成电影，于 1956 年上映。

与其他星球相比，冰期和间冰期的气候交替是我们这个星球的一个典型特点，当然，我们无法根据它们的周期性来调整我们的时钟。因此，在 12.3 万年前，也就是现代抹香鲸祖先所经历的生态危机之前的几千年里，在埃姆间冰期期间，平均海平面高度要比今天高出 4—6m。许多灵敏且可靠的指示性事件都向我们讲述了这一故事，例如，那些同样面临压力的尤卡坦半岛东北部珊瑚礁的演变，以及在格陵兰岛北部的钻探活动。如果埃姆间冰期的尼安德特人 ❶ 可以给我们留下一些能够理解

的证据，那么，

他们很可能会为我们讲述自己长期在温热的北海（当时几乎是热带水域）野浴的故事。在那个时候，温度上升了几摄氏度，冰盖的厚度下降了大约 400m，直到变得比如今还要薄。极地附近海洋中的冰和水出现了许多阶段的混合。从那时起，正

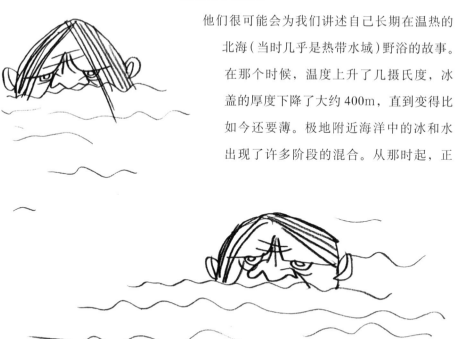

❶ 现代欧洲人祖先的近亲，常作为人类进化史中间阶段的代表性居群的通称。

如我们所知，近些年来，当地也出现了类似的异常炎热现象，并且，在未来，这种情况可能会出现得更加频繁。

相比之下，大约在45万年前，还曾经存在过两个冰盖，它们的体积至少还要比上一个冰川高峰时期大15%，这是过去数百万年中规模最大的一次。这一次，在北海里游泳就异常困难了，因为北海已经消失了！然而，我们的祖先就像他们的直系后裔（也就是我们）一样适应了环境，他们也经历了许多其他的限制。因此，在几万年之后，即大约在41万年前，一个间冰期促成了一场旷日持久的温暖期，与我们今天所经历的温度相比，那时的气温还要再高4—5℃，冰川大量减少，与今天相比，平均海平面高度也高6—13m。来吧，我们一起去北海那温暖的海水里游泳吧……

这简直不可思议！

我们无法预测冰期和间冰期的持续时间，但是我们知道对它们具有决定性意义的三个基本天文学（轨道）参数的周期性：

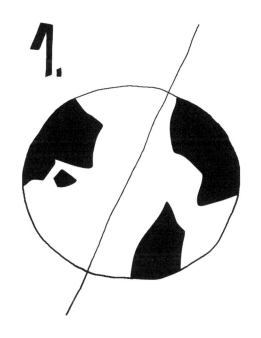

　　　　地球自转轴倾角的变化周期是4.1万年（自转轴倾斜度越大，季节对比就越明显，反之亦然）；

2.

地球绕太阳公转轨道形状（离心率）的变化周期为 10 万—41.3 万年；

3.

岁分点进动的平均周期是 2.3 万年，由于其自转轴的陀螺效应，每年地球都会稍稍领先于岁分点的时间到达相应位置。

这就导致了地球在绕太阳公转的时候会退行，就像迈克尔·杰克逊的太空步那样，后退的时候，在某种程度上会给人一种正在前进的印象。这样，两个岁分点的日期每 1.15 万年就会互换，并且每 2.3 万年或者说几乎每 2.3 万年，一切便都会恢复正常一次。

正如我们所看到的，按照"米兰科维奇循环"的解释，这三个轨道参数的协同作用是处于不断变化之中的，这决定了太阳辐射（日照）季节性分布的重大改变。塞尔维亚的地球物理学家、天文学家米卢廷·米兰科维奇在 1941 年就提出了这个循环的模型。

毫无疑问，轨道参数确定了"米兰科维奇循环"在天文方面的作用，同时这些参数也在地球历史中发生了变动。举例来说，在 14 亿年前的中元古代时期，与之前相比，月亮和地球之间的距离更靠近了 40 000km，在这种情况下，一天的时间长度就缩短了大约 6 小时，离心率的变化周期是 13.1 万年，进动周期是 1.4 万年。这就仿佛是有一个"节拍器"，以一种我们称之为异节奏的节拍控制着循环，其对环境和生命的影响也是有所不同的。我们对过去数百万年的沉积物进行了高分辨率研究，结果表明，在冰期和间冰期的交替循环中，起到关键性作用的并非严冬，而是夏季的持续时间和平均温度。事实上，尽管这三个天文参数的组合决定了夏季太阳辐射的最小值，但冬季极地冰川中储存的水量要多于释放到海洋中的水量，然后冰盖缓慢扩张，海平面下降（冰期）。反之亦然，就如同今天正在发生的情况一样。综上所述，天文学上的强迫作用似乎是造成气候变化和生态系统变化的主要原因。也就是说,它是调节生物圈进化的主要选择因素,或多或少地导致了生物多样性有规律地扩张和收缩(危机/灭绝)。但这就是真相吗?

我们如何知道所有的这些气候变化在地球历史上都曾经存在过呢?古温度[1]的主要标志是两种氧的同位素 ^{18}O 和 ^{16}O 之间的比值,我们称之为"delta-O-18"($\delta^{18}O$),这两种氧的同位素以不同的比例储存在有孔虫的贝壳、珊瑚以及冰川等物质中。这一标志根据气候和环境情况的不同而准确地发生变化,即通过蒸发的加速或减缓来改变海水的成分。吉勒·拉姆斯泰因的《穿越地球气候之旅》一书揭示了其中的奥妙之处。幸亏有了"delta-O-18"的比值这个数据,我们才能够拥有一种可以追溯到过去甚至是远古的温度计。

想象一下吧,如果我们带着这个"古温度计"周游世界,那该是多么有趣的一件事情。必要之时,我们还可以结合一些适当的补充小妙招儿来测量一下其他化学元素的同位素比值变化,比如碳和氮。再想象一下下面这种情况:我们已经拥有了一些其他工艺性魔法,地质学家和地球化学家利用这些工艺性魔法已经从古环境和气候条件中复原出了越来越精确的照片。如果把这个复杂的"古温度计"随机地放在前第四纪地层中,不管这个地层来自海洋还是大陆,我们都将获得一个美妙的惊喜。你可能会发现,仅仅在几万年的时间里,在那些更热、更严酷的环境中,冰期和间冰期的交替或多或少是有规律可循的!毫无疑问,最引人注目的例子是发生在大约 5 600 万年前古新世—始新世的极热事件[2]。然后,地球进入数百万年的气候异常温暖的时期。其间,地球上发生了一次破坏性事件(可能是由一个地外火流星撞击大西洋西北部而造成的),导致大约 3 万亿吨的碳注入大气,其持续时间超过 10 000 年。

---

[1] 地质时期的地表温度。
[2] 发生在早新生代的一次极端碳循环扰动和全球变暖事件,主要表现为大气二氧化碳浓度快速增加和全球增温。

想象一下温室效应的影响吧！显然，造成这一生态灾难的直接原因是大量甲烷被爆炸性地排放在富含有机物的海洋沉积物中，这些甲烷是通过流体渗透释放出来的，而那些流体来自地幔，温度非常高。这种情况经常发生，但却不是发生在这样的矿床上。事实上，在不同深度，甚至包括几百米深的区域，我们是可以定期记录到甲烷气泡的上升过程和由于海面之下的气体爆炸而形成火山口的整个过程的。例如，在挪威和俄罗斯之间的巴伦支海❶，在墨西哥湾（这些过程与水流的起伏波动紧密相关），以及在美国弗吉尼亚州的外海等其他一些地方。为了理解这一现象的规模和范围，我们来假设一下，在西伯利亚北部的北冰洋板块，每天向水柱中释放的甲烷浓度超过 600mg/m^2，这样，每年向美国东北方向的外海释放的甲烷总量估计为 90 吨。这一点不容忽视，因为，数十年来，正是它和其他各种因素共同作用，促成了海洋酸化。当条件相对稳定时，厌氧细菌会利用海床上不断积累的如雨点一般密集的有孔虫进行发酵，产生一些 "天然炸药"，这些炸药以可燃冰❷的形式处于稳定状态，被储存起来。这些可燃冰，即笼形包合物，是一种晶体，它是在温度低于 0℃ 的条件下通过压力作用将甲烷禁锢在由水分子形成的某种牢笼之中。它们可是真正意义上的气候炸弹，虽然这些气候炸弹通常会被摘去导火索，但它们却仍然非常不稳定。

在始新世的早期（距今 5600 万年至距今约 4300 万年之间），在那一段被称为"早始新世大暖期"的时期，高温持续了几乎 500 万年时间，那个期间的平均气温大约比现在高出 10℃。海洋和大气循环的间接影响造成了冰的消失，甚至即使在冬天也不会成冰。在极地漫长的黑夜中，尽管光线不足，棕榈树仍然可以茁壮地成长起来。北极冰盖早已不复存在，极地海洋也已经成为亚热带的大洋了。

在大概 40 万年的时间里，在所谓的"始新世中期气候最佳状态"期间，海洋

---

❶ 北冰洋。
❷ 天然气水合物，又称为笼形包合物，是由天然气（甲烷）与水在高压低温条件下形成的类冰状的笼形结晶化合物，分布于深海沉积物或陆域的永久冻土中，其外观像冰一样遇火即燃，所以也被称为"可燃冰"或"固体瓦斯"。

酸化程度是今天的 10 倍。如果澳大利亚的大堡礁遭遇了这种情况，我们很难想象它会变白到什么程度！这种结果对生活在海底的生物（底栖生物）产生的影响是残酷的，而哺乳动物，当时主要的代表目，则利用这种影响通过进化性的产生和消失，在最大程度上使自身面貌焕然一新（马的祖先、上文讨论到的抹香鲸祖先……以及灵长类动物的祖先，即我们人类的祖先）。

需要等待数百万年的时间，确切地说是等到始新世—渐新世的过渡时期，也就是大约 3400 万年前，这个炙热的世界才冷却下来，南极冰盖才得以长久存在，差不多就像现在我们所处的世界这样。这一事件发生在恐龙灭绝和当今世界形成之间的时期，遗憾的是并不是所有生物都成功地适应了这种变化。其中一部分生物很好地适应了始新世的环境，但并非全部生物。随后，地球上便出现了我们所说的"大灭绝"，即大规模生物集群灭绝事件，尤其是在欧亚大陆上，许多陆生物种，包括植物和动物都灭绝了。新生态系统的不断扩张促进了新物种生成，但这是另一个故事了，一个关于现代世界气候—环境、生态以及生物的黎明时刻的故事。

因此，天文学上的强迫并不是影响气候，乃至影响生态系统和物种多样性的唯一因素。除了轨道约束之外，由地球内部动力学（首先是地幔热力学）产生的相关的强迫作用也会导致气候变化，而这些强迫作用又引发了非常复杂的相互作用和反作用，例如，在短时期内，气候受到火山活动的影响。火山活动是指地幔通过向大气中注入大量温室气体来脱气，它可能是造成平流层臭氧大量流失的原因。一个火山活动对气候的影响有时甚至是全球性的和毁灭性的，如 74 000 年前印度尼西亚多巴火山的喷发，或者 18 世纪冰岛拉基火山的喷发。根据一些历史学家的说法，拉基火山的喷发可能是导致法国大革命的间接原因之一。同时，这次火山活动还导致了温度和降水量相当长期和深远的变化，严重扰乱了北欧的农业生产，并且造成了北欧的社会和经济危机。这些地球专业破坏者的活动名单是冗长的，而且永远处于不断更新之中。尽管如此，这些火山活动仍然给了地球以喘息的机会，并且为生物进化建立了一些特别的实验场所。以百万年的长度来说，气候也受到了板块构造动力学的强烈影响，这同时也解释了陆地板块的大小以及它相对于赤道位置变化的原因。其他在地球上发生的或者来自地球之外的更罕见的大规模事件，都可能在很大程度上改变正常的相互作用和反作用，并导致性质、强度、持续时间和选择性压力极性的一些极端变化，从而重新勾勒进化的媒介。

古新世—始新世极热事件便相当具有说服力，为我们人类自身，也就是灵长类动物中相当独特的成员，提供了一些主题以便于我们进行深入思考。从这场生态灾难的结果中我们获益良多，特别是在生存机会和适应性辐射❶方面。如果我们要在生物圈中寻找最为深刻的痕迹，那么，我们必须再往后看看。在生物多样性方面，历史上一共有五次重大危机（英文称之为 Big Five），它们都发生在显生宙时期，处于正在发生的物种崩溃（人类世）之前。显生宙❷开始于 5.41 亿年前，即在上文提到的寒武纪生命大爆发之时（在埃迪卡拉纪世界终结之后）。

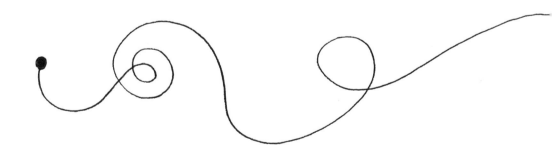

---

❶ 在进化生物学中指的是从原始的一般种类演变至多种多样、各自适应于独特生活方式的专门物种的过程。
❷ 显生宙时期形成的地层，含有丰富的生物化石。

五次生物大灭绝

1838 年谢世的法国解剖学家、古生物学家、博物学家乔治·居维叶，他的观点非常引人注目。这位神创论的狂热支持者是一名物种不变论者，他对于所有物种进化突变的可能性都持反对态度。但是，与此同时他又非常清楚，在沉积地层中存在着很多现在已经灭绝的生物。在 1825 年出版的《地球表面灾变论》中，居维叶用了"灾难"和"革命"这两个词来表达其中的变

化动荡。这是一个简洁明了的调和解决方案，可以化解化石这个登记簿的神圣性，同时也可以巩固传统圣经的灾变论。查尔斯·达尔文的工作已经卓有成效，有神论已经开始向达尔文所论证的自然主义科学转化，在此之后，各项研究已经无可争议地证明了以居维叶为代表的神创论者和物种不变论者的观点是充满谬误的。所有物种都有一个起源及其进化的历史，物种进化的终点是灭绝，或者可能是参与了其他物种的形成。这个进化游戏的主导者是自然选择，它仿佛是一个过滤器，利用了种群与生态系统中的生物组成以及非生物成分之间的相互作用，其整体运作才最终得以实现，这是一种塑造、完善和维持生物适应的机制。但居维叶关于"地球表面革命"的想法并非荒唐可笑。

在显生宙地层中记录下来的证据显示，对生物圈产生影响的危机数量如此之多，以至于古生物学家不得不尽快想办法建立起一个定量的评估标准。无论危机是什么原因导致的，如果这场危机影响到了至少75%的生物多样性，那么，我们就将其视为一场重大危机。

除了人类世，其他那些我们在本章中已经提到的时期，都没有资格被称为重大危机，它们都不能被归类为生物大灭绝，这是一个特殊的标签，仅适用于**五次**生物大灭绝。

我们继续向更久远的时期深入推进，首先把对始新世的热情抛于脑后。当到达

距今6 600万年前，即白垩纪至古近纪❶的过渡时期，我们将会与第五次生物大灭绝的各种痕迹不期而遇。这是唯一一次毫无争议的是由地球之外因素导致的特大型生物灭绝：一个直径在9—14km的火流星以20—21km/s的速度旅行，然后与地球发生了碰撞。这颗火流星很可能源于约1亿年前一颗小行星破裂所产生的碎片残骸，那颗小行星的直径大约是 **170km**。这颗火流星与地球的碰撞至少导致了物种名录中 **76%** 的物种灭绝。在那之后，全球火山活动又重新活跃起来，而且危及生态系统将近200万年时间，火山活动最终形成了印度的德干暗色岩❷，同时也产生了大量的液态火山熔岩以及富含硫和氯的有毒气态火山喷发物。这场灾难的最主要后果便是恐龙的消失，同时也导致了哺乳动物的灭绝，包括人类的直系祖先。但是在尤卡坦半岛附近的撞击痕迹边缘取得的钻探结果却不太为人所知，那是埋藏在地底沉积物500m之下的一道深深的伤疤：希克苏鲁伯陨石坑，其直径达190km。

最近的研究证实，这场冲撞对生态系统造成了广泛而深远的破坏，并大幅度削减了生物多样性。然而，一些有机分子（细菌产生的藿烷和藻类产生的甾烷）以及其他的地球化学

❶ 旧称早第三纪，是地质年代中新生代的第一个纪。
❷ 又译德干玄武岩，是个大火成岩省，位于印度南部的德干高原，是地表最大型的火山地形之一，由多层洪流玄武岩构成。

指标（氮和碳的稳定同位素）却丰富起来，这表明在浅海水域中，初级光合作用的生产循环迅速地开始了重启，可能仅仅在灾难发生之后的短短几千年里就重启成功了。显而易见，生命一旦产生并就此安营扎寨，便很难被彻底消除。

想要了解**第四次**生物大灭绝，就必须在恐龙灭绝的时间基础上，再往前推 1.35 亿年，即 2.01 亿年前，也就是三叠纪和侏罗纪之间的过渡时期。这次大灭绝影响了大约 **47%** 的属和 **80%** 的种，其也是由地外物体撞击地球加上异常的火山活动共同引发的，这次火山活动也形成了大西洋中部的岩浆大区。当时，大多数的大陆块仍与盘古大陆连接成一个整体。我们想象一下，在这块超大陆的正中间，有一道长度约为 **6 000km** 的大裂缝，其中绵延着大约 $2.5 \times 10^6 km^3$ 的玄武岩，里面布满了淡粉色的火山口，在仅仅 **10 000—20 000 年**的时间里，它们就向大气中喷射出 **12 万亿吨左右**的甲烷。

这是多么可怕啊！尽管地外火流星的撞击对于这种超常规的岩浆活动起到了决定性作用，并且由此导致了大规模的生物灭绝，但其造成的影响仍然充满争议。

毋庸置疑的是，在本次危机发生之前的 3 000 万年间，地球记录下来了各种各样的撞击（在法国也有所发现）。这些撞击改变了海洋和大陆的生态系统，有时甚至是全球规模的大型改变。识别这些碰撞的方式有两种：一种方式是通过火山口可识别的残留部分的形态来判断；另一种方式是通过富含铱的玻陨石层（冲击岩）来判断。

我们继续前进！如果你真的想吓唬一下那些淘气的孩子，就忘掉蓝胡子**❶**的故事吧，给他们讲一下发生在 **2.52 亿**年前的**第三次**生物大灭绝的可怕故事，这一次大规模的生物灭绝也被称为"二叠纪至三叠纪灭绝事件"。这个故事的震慑效果肯定能够比肩或者接近世界末日！据估计，大约有一半的科消失了，也就是说，超过 **80%** 的属和多达 **96%** 的种灭绝了，这些物种曾构成了当时海洋和大陆的生物多样性。再一次，一场极其可怕的火山射气岩浆喷发 **❷**，最终形成了西伯利亚暗色岩 **❸**，同时也产生了 $6 \times 10^6 - 8 \times 10^6 km^3$ 的高温火山熔岩（温度高达 1 600℃）。

---

❶ 法国诗人夏尔·佩罗创作的童话故事，主人公因胡须的颜色得名蓝胡子，连续杀害了自己的几任妻子。
❷ 当火山活动时，炽热的岩浆在上升过程中遇到含水地层或者地表水、地下水，发生爆炸，巨大的向上冲击力造成上覆地层的挠曲、破裂、坍塌等一系列过程。
❸ 又译西伯利亚玄武岩，是个大火成岩省，形成时间介于二叠纪和三叠纪之间。

除了那些恐怖的火山会喷发并释放出有毒气体之外，在几万年的时间里，巨大的甲烷气泡再次浮出地球表面，换个角度来说，在地质层面上看来是瞬间上升的。同时，大约 **170万亿吨**的一氧化碳和 **18万亿吨**的盐酸也被释放到大气中。结果，氧气含量下降了 **50%—70%**，臭氧（O_3）含量下降了 **60%**，紫外线辐射对地面的危害不可避免地增加了。在 **50多万年**间，平均气温升高了 **10℃**以上（在非洲南部至少可以达到 **16℃**）。空气中的二氧化碳含量增加了 10 倍以上（高碳酸现象），同样，甲烷（缺氧）和硫化氢（静海相）的含量也增加了 10 倍以上。根本无法呼吸！数万年来，酸雨加剧了裸露陆地的干旱化。我们脑海中呈现出那片一望无际的荒芜风景，尤其是北纬 30°至南纬 40°之间的那片陆地。

　　现如今，这里是美国的佛罗里达州到阿根廷的瓦尔德斯半岛之间的土地。在曾经的那片土地上，一切生命都被剥夺了，环境有点儿像火星上的环境。

最普遍的死亡原因是什么？

窒息。

　　最幸运的是长有下鼻甲并且用硬腭控制呼吸的陆地动物，尤其是某些哺乳动物的祖先，比如犬齿兽亚目。在海洋中，运动能力很强的头足类动物在不到 200 万年的时间里就恢复了生机，这一点得益于它们出色的生态耐受性，但是大多数海洋无脊椎动物的抵抗力却没有那么强大。为了更好地理解那个可怕的时期，我们有必要在此基础上再补充另外一场灾难。在西伯利亚暗色岩火山喷发的高峰时期，向外排放了大量的致命气体。事实上，在此数百万年之前，在如今的中国大地上就已经发生了剧烈而频繁的火山活动，这导致了大范围生态系统的脆弱性，同时还伴随着生物多样性的锐减，直到在陆地层面可以称得上是"灭绝"后才告一段落。确切地讲，这完全不是一个良好的开端，后续发生的一系列事件也证明了这一点。那个时代就像是被诅咒了一样，那个致命的生物圈简直把人类世衬托得像天堂一般美好！

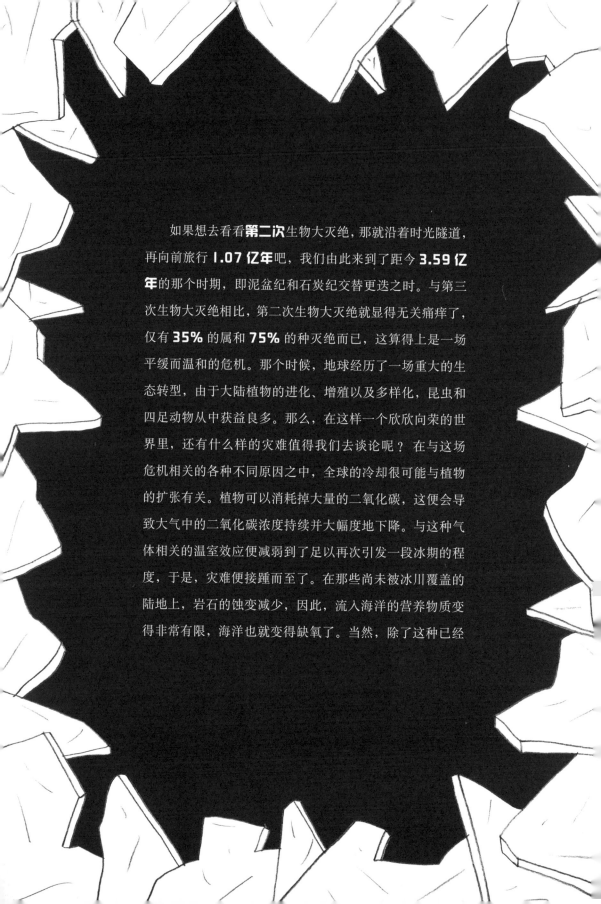

　　如果想去看看**第二次**生物大灭绝，那就沿着时光隧道，再向前旅行 **1.07 亿年**吧，我们由此来到了距今 **3.59 亿年**的那个时期，即泥盆纪和石炭纪交替更迭之时。与第三次生物大灭绝相比，第二次生物大灭绝就显得无关痛痒了，仅有 **35%** 的属和 **75%** 的种灭绝而已，这算得上是一场平缓而温和的危机。那个时候，地球经历了一场重大的生态转型，由于大陆植物的进化、增殖以及多样化，昆虫和四足动物从中获益良多。那么，在这样一个欣欣向荣的世界里，还有什么样的灾难值得我们去谈论呢？在与这场危机相关的各种不同原因之中，全球的冷却很可能与植物的扩张有关。植物可以消耗掉大量的二氧化碳，这便会导致大气中的二氧化碳浓度持续并大幅度地下降。与这种气体相关的温室效应便减弱到了足以再次引发一段冰期的程度，于是，灾难便接踵而至了。在那些尚未被冰川覆盖的陆地上，岩石的蚀变减少，因此，流入海洋的营养物质变得非常有限，海洋也就变得缺氧了。当然，除了这种已经非常糟糕的情况之外，还有可能存在某种地外因素的影响（在澳大利亚？）。和通常情况一样……在生物大灭绝之前，大多数海洋脊椎动物都呈现出体型增大的趋势，并有规律地进化出比它们祖先体型更大的新物种。在这场危机之后的数百万年间，这一进化趋势却发生了逆转，原因可能是由于全球冷却对海洋生态系统的影响以及可利用资源的减少。

现在，我们终于来到了**第一次**生物大灭绝。这场危机的主体部分发生在显生宙初期，刚开始便涉及 **57%** 的属和 **86%** 的种。当时，陆地上还没有动物种群居住，只有一些非维管植物 ❶。在经历了一段漫长的海洋动物高度多样化时期之后，这次生物大灭绝标志着 **4.43 亿**年前从奥陶纪到志留纪之间的过渡。气候变化再一次深刻地改变了生物圈，原因很可能是多方面的，但影响却是巨大的。一场造山运动（山脉隆起）发动了，波罗的大陆和劳伦大陆 ❷ 发生碰撞，后者从某种意义上来说是由如今的北美洲、格陵兰和苏格兰聚合而成的。前者呢？现在，我们在斯堪的纳维亚半岛、俄罗斯、波兰以及德国北部都发现了波罗

---

❶ 包括苔藓植物和藻类。
❷ 又称为北美克拉通，是太古宙时期，约 20 亿年前由北美洲、格陵兰和西伯利亚东部的克拉通和地体组成。

的大陆的碎片，两个大陆的这场碰撞对二氧化碳的大量固定起到了很大的促进作用。再一次，同样的原因，同样的结果，可怕的周期循环被再次触发。全球平均气温下降（温室效应减弱），导致冰期和间冰期交替出现，从而又引起了一系列相应的海退❶和海侵现象。在南部，冈瓦纳大陆❷的一部分结冰了，当时的那块古大陆现在是南美洲、非洲、澳大利亚、南欧、中国和南极洲（那时候的南极对应的是现在的北非）。在数十万年的时间里，冰川扩张到了南纬 30°附近（现在的南非），与大约 2 万年前的上一次大型冰期时期相比，我们的地球形成了更加寒冷的气候条件。

**但是要注意：
一场危机的背后可能会隐藏着
另外一场危机！**

❶ 在相对短的地史时期内，因海面下降或陆地上升，造成海水从大陆向海洋逐渐退缩的地质现象。
❷ 是一个推测存在于南半球的古大陆，也称南方大陆，因印度中部的冈瓦纳这一地区而得名。

没有什么是比把超大型危机（那些我们可以贴上"超大型"标签的危机）想象成原本正常进程中的一些事故更加谬误的想法了。一个原本稳定的星球，在它的历史上，并非准时地产生干扰的插曲。因此，大约在寒武纪生命大爆发和奥陶纪—志留纪生物大灭绝之间，靠近大陆的海洋沉积序列显示出当时的海洋全部是静海相的、缺氧的，包括上层水域。除此之外，还有一些环境条件与元古宙某些时期的典型特征相似。地球通常的状态是在极端条件之间游移不定，变化的节奏取决于天文学强迫、地球内部机制的运作以及海洋、大气与生物世界之间复杂的相互作用。高潮低谷，起起落落，一次又一次……直到人类世。

让我们尝试进行一下总结

在确定那些触发生物圈重大危机的因素时，反复出现了一些不确定性，这是由于在大多数情况下，原因都是多种多样的，尽管它们不一定同步发生。我们经常可以辨识出一个我们认为更为重要的因素，或者仅仅是更容易确定其发生时间的因素（例如陨石撞击），但我们无法完全确定它们之间因果关系的单义性。接着，出现了一个使研究工作更加复杂化的现象，即生物多样性匮乏，通常在大规模危机爆发之前，这一现象就已经阵发了（尽管需要特别指出的是，恐龙灭绝的情况并非如此）。在分析当前正在发生的危机之时，这是一个需要考虑的变量。

正如我们之前说过的，生命是顽强的，它具有很强的韧性。化石记录有时候可能会令稀缺和灭绝这两种情况扑朔迷离。

　　在对生物大灭绝的综合分析中，我们强调了非生物因素的作用，例如，温度、氧气水平、环境酸化……但是，我们也不应该忘记，除了这些因素对生态系统的直接影响，随之而来的，即使是在几十万年甚至几百万年之后，生态平衡和食物网也同样受到新的物种间的动态影响。超大型危机还告诉我们，生物多样性的降低，无论其程度如何，都会一贯地伴随着灭绝率的下降。此外，我们还了解到，在高度灭绝（超过 75%）之后，经过一段不固定的通常在地质尺度上是很短的一段时间，地球上会出现相当多的新物种而且物种多样化程度增强（我们称之为"适应性进化辐射"）。这对于我们理解当前人类面临的挑战和为未来蓝图建造模型都是非常宝贵的经验，同时践行这些经验也变得刻不容缓。因为，截至目前，官方记录的显生宙生物大灭绝至少破坏了地球上 75% 的生物多样性，如果算上正在发生的危机（暂时称之为危机），那么显生宙至少经历了六次生物大灭绝。

那么，
究竟有多少次危机呢？

如果说，那个 6 600 万年之前的地外火流星在全球范围内留下了直径大小仅为 0.25mm 的小球体撞击痕迹，并且造成了一些我们已知的破坏，那么，当它与另一个小行星相遇的时候，将会产生什么样的影响呢？这种撞击留下的痕迹都集中在格陵兰岛南部一个厚 1m 的地层里，痕迹的大小是原来的 4—5 倍。这就是 GRÆNSESØ[1] 的形成，这个名字不容易发音，它是一颗"巨大"的小行星，直径估计在 46—73km 之间，在 21.3 亿—18.5 亿年之前曾与地球轨道交叉。这让你联想起什么了吗？是的，加蓬的弗朗斯维尔化石群 (Gabonionta[2])！然后，很快就是……无聊的十亿年！正是在这个时间之窗中，在后来氧气充足的生态系统里，出现了一个非常奇特的多样化阶段。然后，加蓬的弗朗斯维尔生物群消失了，

---

[1] 一个小行星的名字，尚未有汉语译名。
[2] 研究团队在加蓬的弗朗斯维尔发现了 250 多个保存完好的多细胞古生物化石，这些化石有 21 亿年的历史，那些多细胞生物是地球上已知最早出现的多细胞生物。

173

很明显，它在更近代一些的沉积地层中也没有留下任何痕迹，即使是在接近古元古代末期之时，那时海洋的地球化学条件迅速发生了变化。这是另一场由地外因素导致的剧变吗？

我们无法建立起一个因果关系，但这是一条有待验证的线索。那么，巨物撞击的陨石坑在哪里呢？但是现在，我们就无法确定了，因为已经发生了侵蚀。然而，目前所确认的最大的陨石坑——南非的弗里德堡陨石坑（约形成于20.25亿年前），以及加拿大的萨德伯里陨石坑（约形成于18.5亿年前）——它们的形成时间与加蓬的弗朗斯维尔生物化石群消失的时间是一致的。想象一下这些冲击可能造成的破坏吧！据估计，这两个陨石坑，它们各自的直径（分别为300km和250km）都远远超过了希克苏鲁伯陨石坑的直径。

因此，我们可不可以谈一谈多细胞生命历史上的第七次大灭绝（也许是第一次全部灭绝）？在很长的一段时间里，古生物学家们一直认为元古宙在很大一部分时间里都是一个尝试性质的实验室，这个实验室一直在为寒武纪的生命大爆发事件做着准备，但那些实验大多数都以失败告终。正如我们所看到的那样，研究的进展，特别是在加蓬的发现，改变了这一观点，而且使其变得更加复杂。当地质学家、地球化学家和古生物学家煞费苦心地重建GOE和NOE时期内的环境、生态以及进化方案时，弗朗斯维尔生物群的出现和进化可能成为原始生命历史上的一个标记，它们的灭绝将会是一场生物多样性的重大危机，无论它们灭绝的顺序如何。

175

176

09
快乐与希望

那么，在此之后呢？

我们已经充分认识到了这份报告的枯燥与乏味，对此我们感到深深的遗憾，这的确有点儿令人失望了，因为这与我们所经历过的感觉恰恰相反，我们想要表达的情感是 **激情**！

认识和学习的快乐。

这段经历让我们认识到古代地球的历史仍有待发掘，同时也认识到我们和世界各地的同行们始终热衷于破译那些远古的岩石。通过这段经历，我们除了得到了知识层面的愉悦，也收获了真正意义上的教育层面的体验。

我们到底是谁？我们人类，在这个充斥着全球性灾难历史的星球上，不仅没有灭绝，反而在一定程度上决定了生命进化的方向。

当然，这是一场大范围的讨论，不仅仅涉及科学家，但如果我们想要避免被宗教和政治影响，就必须参考科学家的建议。有一点是毋庸置疑的：生命一旦出现，就会变得异常顽强。

话虽如此，但还是让我们利用片刻时间再次回顾一下出现在加蓬和乌克兰的案例吧。在那两种情境之下，突然爆发的主要气候灾难都与大气中氧气含量的增加有关，也正是在那两种情境之下，剧变都导致了令人难以置信的生物创新。

那么，我们是否一定会得出这样的结论：所有的进步都是诞生于变革之中。这是一个普遍规律吗？不可否认，复杂的生物需要氧气，但氧气含量的增加并不是导致生物多样化激增的唯一因素。

比起前寒武纪，这个时代更接近于我们现在的时代，一切均以覆盖二叠纪早期（距今约 3 亿年）的严峻冰川而告终。正是在这种重大的气候逆转结束之后，生物创新才揭开其独创性宝藏的神秘面纱。那么，我们又能从中学到些什么呢？

当然，我们学到了很多东西，尤其是对于地球化学家来说那独一无二的无聊的十亿年。深海沉积物，那简直就是地球化学家的游乐场，它们的确无聊至极，然而，相反，在这数百万年里发生的地质构造学上的动荡和生物创新却是令人异常兴奋而且曲折多变的。让我们从中吸取一点儿教训吧！有一种倾向性与生俱来，那就是我们往往从自己的视角来理解世界。在这一点上，我们的教育尚有很多亟待反思之处，所幸我们的学生并没有忽略这个问题。令我们更加开心的是，他们领会了这场讨论的实质：时刻警惕自我的想

法，了解他人的观点；从他人的错误中吸取教训；不要盲目地相信老师，而是要批判性地学习他们所教授的课程。这一切并没有被简化，因为老师只是单纯地把自己当作一个不断补充、更新知识的信使而已。老师最大的贡献就是为下一代铺平道路，有了知识的武装，下一代便可以去发现、去探索、去沉醉、去尝试、去犯错，然后便轮到他们去接受批评，并以一种崭新的视角来丰富自我。这难道不是一切教育的本质吗？

自我培育提升！

从这个角度来看，地球科学是一门功能特别丰富的学科，尤其有助于引导我们去理解人类在地球上所扮演的角色。我们很轻易便忘记了，在地球这个由小型岩石构成的行星内部、表面与大气之间相互作用所形成的复杂系统中，我们仅仅是其中的一小部分而已。

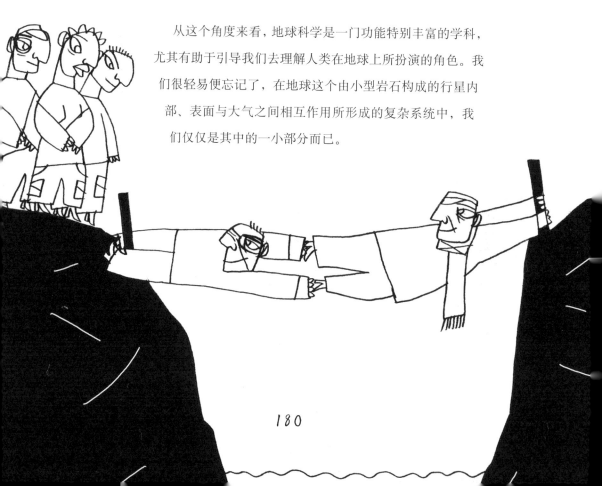

180

长期以来，我们被人类中心论引入歧途，现在，我们也仍然只是处于破译这个系统的开端。我们强取豪夺般的贪婪已经造成了无数的危害。然而，令人印象最为深刻的却是，虽然意识到了这一点，我们却仍然专注于自己，而且仅仅专注于我们自己。因此，我们怀着世界上最美好的意愿，为我们自己定义了一个新时代——人类世。毫无疑问，人类对于下列的种种情况都产生了直接影响：生活环境变得愈加恶劣、全球变暖加速以及在地球表面与人类共生的其他物种的迅速灭绝。正如我们所看到的那样，拉马克早在1820年就已经发出了警报信号，即便如此，我们也无法掌控任何东西，尤其是在地质时期方面。印度尼西亚的一座火山比现在的活火山（甚至不是超级火山）更加危险一些，它会突然之间爆发，立即重新唤醒我们的脆弱。我们应该怎么办呢？努力纠正这种盲目的人类中心主义，让大众对地球历史产生兴趣，没有什么比这更行之有效的方法了。地球历史告诉我们，在灾难之后，也许有一天，我们人类会从地球表面消失，但其他生命形式将继续存活并繁衍下去。除非我们能够适应恶劣环境所造成的新的生存条件，否则，人类也不过会成为一个永远灭绝的物种而已。

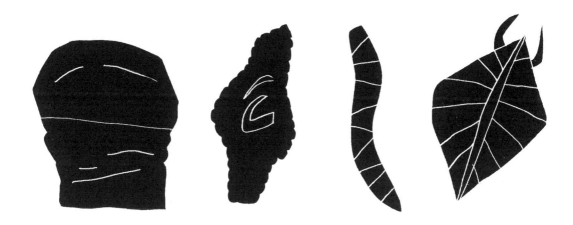

加蓬的化石群在许多方面都被证明是意义非凡的。尽管现在的出版物越来越多，但这一成果却仍然难以被接受。我们饶有兴趣地看到，科学界，尤其是科学界的大人物们，是如何分为狂热支持者和激烈反对者两大阵营的。原因在于，在加蓬的发现将长期确立的教条学说重新置于讨论风暴之中，从某种意义上来说，这有些过于残忍了。把多细胞生物的出现时间提前几亿年，这是一个多么宏大的设想啊！然而，自 2010 年以来，几乎每个月都有越来越古老的宏观化石破土而出，这些化石逐渐填补了中元古代的巨大空白。目前，研究者的理想之地是中国，这并非偶然，中国那片土地不仅将那个时代的沉积物保存得非常完好，而且国家也在科学研究方面做出了大量努力。在这种情况下，我们应该怎么办呢？我们必须与其他国家建立联系，除此之外别无他法。因为在这个世界上，仍然有一些超过十亿年历史的土地有待勘探。一如既往地，我们将努力使经费监管人心悦诚服，我们会让震惊世界的新证据得以重见天日，而那些证据，必然会填补我们对于这个星球遥远历史的巨大认知空白。尽我们所能去努力奋斗吧！

唯一的遗憾，尤其是对于团队中年纪较大的人来说，

他们可能活不了足够长的时间去见证真相。

快乐与希望

从加蓬到乌克兰的冒险，我们正在将其尽可能地延续下去，如果条件允许，这场冒险将会扩大到摩洛哥和毛里塔尼亚，以便于勘探更多的中元古代的沉积物。目前，除了一些科学出版物之外，我们还要对迄今为止所完成的工作做一个总结。值得庆幸的是，这项研究让我们有机会与杰出人物共事，这的确出乎我们意料。从地球科学领域最著名的研究人员到陪同我们的年轻学生，我们从他们的经验和热情中获得了滋养。正是这些给日常的研究工作增添了色彩，同时也让生活充满了愉悦和幸福感，我们从中受益良多！因此，将这一切传递出去，便成为我们的一项基本职责。会议、展览（有时候是在著名的博物馆）、电影和广播节目都是大众传播的途径。这是一项艰巨的工作（就

183

像本书的写作一样），因为我们实质上是要传达一个难以捉摸的东西——快乐。我们尤其不应该因为那些必须克服的技术、经济、人力及其他困难而放弃。我们尽量避免使用那些晦涩难懂的专业术语，即使是下意识的。事实证明，难以理解的专业术语会让那些对这项历史研究感兴趣的人灰心丧气。但这一点并不能轻易实现，但其关键性却值得我们去努力。我们必须努力激发大家对这项研究工作的兴趣，但不可否认，我们讲述的知识不是很受欢迎，特别是在高中生受众群体中。

高中生！他们当中的很多人，在刚上大学时，并不完全知道为什么去到那里。当然，为了未来的职业发展而学习是合情合理的，但是关于未来想做什么，很多人都没有一个确定的答案。在还不到 20 岁的年纪，这个状态再正常不过了。正是在那些阶梯教室的椅子上，他们才能发现那些自己感兴趣的事物，并以此作为自己未来的目标所在。大家不要忘记，这个决定性选择的首要前提是逐步获得的，我们必

须去倾听、去学习、去观察、去测量、去计算，然后再记录下自己所理解到的东西并进行批判性讨论。通常，所有这些方面都会成为障碍，但它们却是一种塑造和丰富个人的培育方式。这无非是沿着一条构建合理的道路前进，而这条道路需要经得起质疑并最终能够使自己找到正确的方向。在目前这个充斥着虚假新闻和假想阴谋并且深受青年人喜爱的社交网络世界里，我们可以借此获得一种独立自主以及某种天然保护。如此说来，这项工作似乎是严肃而艰苦的，而且还令人沮丧不已。学习的过程必然是缓慢迟滞的，而且需要付出大量的努力，但我们却并不孤单。在整个大学的课程设置中，老师会在此方面帮助大家。在普瓦捷，地球科学学科的情况尤其如此，这是一种幸福。从本科生到博士生，我们的实验室大门对各个学历层面的学生都是敞开的，他们可以从中获益颇多。也许这正是小领域专业学习的优势所在，但如果说这是一个决定性条件，显然是远远不够的。

更加需要研究人员的集体意志。

信任

拉马克的论断使我们沮丧不已，因为自 200 年前他发出警告以来，我们什么也没有学习到。这是必然的宿命吗？并不排除这种可能，因为我们似乎无法纠正自己，但即使是这样，我们也没有理由举手投降。没有补救办法，我们唯一能做的就是寻求知识，并通过教育传播知识。因此，在所有国家和地区，最大可能地去传播我们所知道的关于地球历史的知识，这一点至关重要。这是理解我们在这个动力系统中所处的位置的最好方法。地球提供了很多生物革命的例子，它们都是气候灾害的结果，无论那些气候灾害是由轨道变化、火山喷发抑或是陨石撞击引起的，都没有比这些更好的案例来说明我们人类自身是非常脆弱的这个事实。那些满足我们无尽欲望的毁灭性武器，那些满足我们荒唐和贪婪的消费品，都在此基础上增加了人类自身的脆弱性。这些都是由我们制造的，但很多都毫无必要。

到 2050 年，地球上或将有 90 亿人口。由于无法忍受的贫困，许多人可能将被迫进行长期且痛苦的移民活动。恐惧在发达国家已经根深蒂固，在民粹主义者的煽动下，恐惧只会更加强烈。目前，在很多发达国家，每个外国人都被视为一个潜在的敌人，会对所谓的文化产生威胁，但在共同观念中，那种文化实际上只是基于浪费和独占的生活水准才发展起来的罢了。世界末日！这是一个常见的却令人厌烦的老调重弹。然而，在现实中，如果我们真心接受这样一种观点，即我们必须学会控制，而不是掠夺，同时，找出解决方案，而不是在无法忍受的事情面前退缩，简而言之，就是应该去理解人类这个物种在地球上所处的位置，那么，就不会出现世界末日这种不幸。如果我们能够从集体层面而不是从个人角度去思考问题，这便会成为一个巨大发展的根源所在。极端自由主义的世界已经清楚地表明它将会把我们引向何方。现在，是时候改变想法了，这是人类在未来社会所面临的挑战。很显然，教育必须比以往任何时候都发挥出更重要的作用，不仅仅是对于那些年轻人，更是对于决策者、政治家和高级官员，他们必须认识到，地球的节奏不是我们能够控制得了的。在气候问题上，这一点已经得到验证，尽管并非毫无困难。同样，必须还要考虑到维持生命所需的资源正在日益减少，包括淡水、土壤、矿产资源……面对预期的缓慢进展，面对退缩和放弃，我们可能会烦躁不已、焦虑不安……但故事正在发生，它正在被我们的后辈书写。

让我们信任他们吧！

致 谢

　　如果没有加蓬共和国政府的支持，这项工作是不可能完成的，我们在此对加蓬共和政府提供的帮助表达最诚挚的感谢。我们同样也非常感谢新阿基坦大区 ❶、加蓬国家科学与技术研究中心、加蓬矿业与地质总局、加蓬国家公园事务局、马苏库大学、奥果韦矿业公司、索高巴公司、法国驻加蓬利伯维尔大使馆、加蓬法语语言研究中心以及 CNRS，因为他们为我们提供了完备的后勤保障和财政支持。同时，这项工作也是与世界各地同行充分交流的结果，其中，我们要特别感谢：P.D.Mouguiama（加蓬共和国国民教育和培训部长）、F.D.Idiata（加蓬国家科学与技术研究中心委员长）、L.White、F. G. Lafaye、F.Weber、J. C. Baloche、R.Oslisly、F. Pambo 和 J. L. Albert。在结束致谢之前，我们也不会忘记那些在生活、技术、管理等方面为我们提供帮助的人，正是他们默默无闻的工作满足了我们在日常生活中的各种需要，他们是 C. Lebailly、C. Fontaine、C. Laforest、L. Tromas、Ph.Jalladeau、D. Autain 以及普瓦捷大学和 CNRS 的所有行政管理工作人员。

---

❶ 法国面积最大的区，位于法国西南部。

189

感谢奥利维娅、亚采克、乔安娜和伟大的氧气，
以及阿德利娜·库尔马哈诺娃。